大学生生态文明教育及生态人格的培育研究

姜 颖 ◎ 著

吉林文史出版社

图书在版编目（CIP）数据

大学生生态文明教育及生态人格的培育研究 / 姜颖
著 . -- 长春：吉林文史出版社，2024 .10 . -- ISBN
978-7-5752-0761-4

I. X24

中国国家版本馆 CIP 数据核字第 2024PF0192 号

DAXUESHENG SHENGTAI WENMING JIAOYU JI SHENGTAI RENGE DE PEIYU YANJIU

书　　名　大学生生态文明教育及生态人格的培育研究
作　　者　姜　颖
责任编辑　孙佳琪
出版发行　吉林文史出版社
地　　址　长春市福祉大路 5788 号
网　　址　www.jlws.com.cn
印　　刷　北京四海锦诚印刷技术有限公司
开　　本　710 mm × 1000 mm　1/16
印　　张　11.5
字　　数　175 千字
版　　次　2025 年 3 月第 1 版
印　　次　2025 年 3 月第 1 次印刷
定　　价　58.00 元
书　　号　ISBN 978-7-5752-0761-4

前　言

在21世纪全球化加速、工业化与城市化并进的时代背景下，人类社会正面临着前所未有的环境压力与生态困境。气候变化趋势加剧、自然资源日益枯竭、生物多样性遭受严重威胁等全球性挑战，如同警钟长鸣，警示人们必须将生态文明建设提升至前所未有的高度，视其为关乎全人类福祉与未来命运共同体的核心议题。大学生群体，作为社会进步的先锋队与未来发展的主力军，其生态文明素养的培育与提升，不仅是个人全面发展的关键要素，更是推动社会实现绿色转型、促进经济与环境和谐共生、保障可持续发展的重要基石。当前部分大学生在生态文明意识上尚显薄弱，环保行动的实践层面存在滞后现象，这迫切要求通过构建系统化、科学化的生态文明教育体系，积极引导并有效提升大学生的生态素养。

本书正是基于这一背景，系统探讨了大学生生态文明教育的科学内涵、体系架构及其核心追求——生态人格。书中不仅阐明了教育目标、重点内容及基本原则，还深入分析了生态人格的内涵、培育路径及其对个体全面发展的价值。

通过多维度协同发展的策略探讨，本书旨在为构建全方位、多层次的生态文明教育体系提供实践指导，培养具有强烈生态意识和社会责任感的新时代大学生，为推动我国乃至全球的生态文明建设贡献力量。本书不仅是对大学生生态文明教育理论与实践的一次系统梳理，更是对未来生态文明建设人才培养模式的积极探索。笔者衷心希望，通过本书的出版，能够激发社会各界对大学生生态文明教育的关注与重视，共同推动生态文明理念深入人心，为构建人与自然和谐共生的美好未来贡献智慧和力量。

目　录

第一章　大学生生态文明教育概论

在全球化加速推进的今天，环境问题日益成为全球性挑战，生态系统失衡、资源枯竭、环境污染等问题频发，对人类社会的可持续发展构成了严峻威胁。面对这一现状，生态文明建设作为应对环境危机、促进人与自然和谐共生的关键路径，被赋予了前所未有的重要性。大学生作为未来社会的建设者和接班人，其生态文明素养的高低直接影响到国家生态文明建设的进程与成效。因此，加强大学生生态文明教育，不仅是对当前环境问题的积极回应，更是对未来可持续发展的深远布局。

第一节　生态系统与生态文明建设

一、生态系统概述

人类文明的存在和延续离不开整个地球生态系统的有序、稳定和健康。建设生态文明的一个根本目标就是实现人类经济社会系统与自然生态系统之间的动态平衡。"生态系统"一词是英国植物生态学家坦斯利首先提出的，后来又经过了多位科学家的发展和完善。人们一般认为，生态系统指在一定空间中共同栖居着的所有生物与环境之间由于不断进行物质循环和能量流动而形成的统一整体。作为一个整体的生态系统有两个重要的组成部分：一是生物；二是生物所处的环境，即非生物环境。但是，不能认为生态系统仅仅是这两个部分的简单相加。生态系统是一个相互联系的整体性的存在，对它做部分的区分研究，仅仅是为了研究的便利，而不能将生态系统仅想象成一些零件的组合。

从生态系统的定义可以看出，生态系统并没有规定一个具体的空间范围的大小。一个池塘是一个生态系统，一座大山或一片麦田也是一个生态系统。小至动物消化道的微生态系统，大至森林、高原，甚至整个生物圈都可以被看作生态系统。因此，"生态系统"更多的是一个结构性、功能性的概念，而不仅是一个空间性的概念。地球生态系统，即整个生物圈，是地球上最大的生态系统。

（一）生态系统的基本作用

地球上的各种生态系统，无论空间大小、位置存在多大差异，作为一个生态系统所具备的基本要素都是相同的。它包括生产者、消费者、分解者和非生物环境。非生物环境是生物赖以生存与发展的物质基础和能量源泉，包括生物生存的场所，如土壤、水体、大气、岩石等，也包括生物所需的物理化学条件，如光照、温度、湿度等。

人们把对生物产生影响的各种环境因素称为生态因子。生态因子种类繁多，主要可分为生物因子和非生物因子。生物因子包括不同物种间的相互影响和同一个物种中不同个体之间的相互影响，而非生物因子包括气候、土壤、地形。气候因子也称地理因子，包括光、温度、水分、空气等。根据各类因子的特点和性质，还可再细分为若干因子。如光因子可分为光强、光质和光周期等，温度因子可分为平均温度、积温、节律性变温和非节律性变温等。土壤是气候因子和生物因子共同作用的产物，土壤因子包括土壤结构、土壤的理化性质和土壤肥力等。地形因子包括地面的起伏、坡度、坡向、阴坡和阳坡等，通过影响气候和土壤，间接地影响植物的生长和分布。

在自然环境中，多种生态因子是同时存在的，其作用一般可以分为以下五种。

第一，综合作用。生态因子不是孤立存在的，它们之间相互影响、相互制约，一个因子的变化往往会引起其他因子一些相应的变化。

第二，主导因子作用。生态因子的作用并不是完全等价的，其中一些对生物起决定性作用的生态因子，被称为主导因子，主导因子的变化常常引起生物生长发育的明显变化。

第三，直接作用和间接作用。一些生态因子是直接对生物起作用的，如光、温、水，但另外一些生态因子，如地形，是通过影响光、温、水而间接对生物起作用的，被称为间接作用。

第四，限定性作用。生物在生长发育的不同阶段对生态因子有不同的需求，生态因子对生物的作用具有阶段性。

　　第五，不可替代性和补偿作用。生态因子虽不等价，但都不可缺少，一个因子的作用不可被另一个因子代替，但是某些生态因子的不足可以通过另一些生态因子的加强而在一定程度上得以弥补。

　　生态因子对生物的作用，以及它们之间的相互作用都是异常复杂的。生态因子对生物有着强烈的影响，但同时每一种生物对生态因子也有着独特的适应机制。这主要表现在形态、生理和行为三个方面。生态因子会影响生物的形态，如北极狐由于生活在高寒地带，其身体突出的部分都比较小，如耳朵和尾巴，这样就有利于保存热量。生活在寒冷地区的动物普遍地具有这样的形态适应。生态因子也能影响生物的生理状态，如一个人从黑暗的地方走到明亮的地方，会觉得眼睛不适应。因为在黑暗的地方，眼睛为了吸收更多的光线而瞳孔变大，一旦到了明亮的地方，会由于进入眼睛的光线太强而快速地使瞳孔再度变小以控制光线的进入，以免刺伤眼睛。另外，一些动物会通过改变行为来适应自然，如一些蜥蜴会在较热的时候抬高自己的身体使更多的空气能流动，从而起到散热的作用。行为适应是最为常见的一种适应类型。生态系统就是在变化与适应之中保持着自身系统的平衡和稳定。

　　生态系统生物部分的生产者是指能够利用太阳能或其他形式的能量，将简单的无机物合成为有机物的绿色植物、光合细菌和硝化细菌等。在这个过程中，太阳能被转化为化学能以供生物利用。生产者是生态系统中最基本的组成要素，生产者固定的能量除了供自己所必需的新陈代谢所用之外，剩余部分将通过食物链逐级在生态系统中流动，以供其他生物生存生长。生产者之所以是生态系统中最重要的组成部分，是因为它是能量进入生物链的唯一入口，失去了生产者，生态系统将不复存在。

　　生态系统生物部分的消费者指不能靠自己合成有机物的植食类、肉食类和寄生动物等。植食动物为一级消费者，以植食动物为食的肉食动物为二级消费者，以肉食动物为食的肉食动物为三级消费者。如鼠吃大米、蛇吃鼠、鹰吃蛇，在这条捕食食物链中，鼠是一级消费者，蛇是二级消费者，鹰是三级消费者。这里的一、二、三级也被称为营养级。根据每条食物链的具体情况，每个物种所处的营养级也不同，同一个物种也可能同时属于多个营养级。

　　分解者指生态系统中的细菌、真菌和放线菌等具有分解能力的生物，也包括某些原生动物和腐食性动物。它们把动、植物残体中复杂的有机物，分解成简单的无机物，释放在环境中。分解者的作用可谓至关重要，如果没有分解者，那么动物的尸体将堆积成山。物质、能量无法流通，最终生态系统将趋于崩溃。

在生态系统中因为捕食关系而形成食物链，同时有多种捕食关系共存，便形成了多条食物链，因为一个物种通常并非只处于一条食物链中，如鼠不单吃大米，也吃玉米，鼠不单被蛇捕食，也被猫头鹰捕食，因此，不同的食物链纵横交错，便形成了食物网。生态系统能量流动的一个重要方式就是通过食物网来完成的。

在生态系统中，生物的物质生产分为初级生产和次级生产。绿色植物通过光合作用，使无机物转变为有机物的过程被称为初级生产。除此之外的生物物质生产都被称为次级生产。绿色植物固定的能量，除去自身新陈代谢所消耗的部分，剩余部分被称为净初级生产，它可以提供给生态系统中其他生物所利用的能量。地球生态系统的年生产总量是巨大的，但地球上有大小、性质不同的许许多多生态系统，其生产力有大有小，差异很大，不能一概而论。

（二）生态系统的类型分布

作为最大的生态系统，地球生态系统是由不同类型的生态系统组成的，如果按照是否有人类活动的参与来看，可以分为自然生态系统和人工生态系统。自然生态系统包括陆地生态系统和水域生态系统；人工生态系统包括城市生态系统和农田生态系统。城市生态系统和农田生态系统可以归入陆地生态系统，而地球生态系统中除极少数区域外，都有人工活动的痕迹。此处仅对陆地生态系统和水域生态系统进行论述。

1.陆地生态系统

虽然全球陆地面积只占地球总面积的1/3，但是陆地生态系统中现存的生物总量却占全球的99%以上，因此，陆地生态系统在地球生态系统中起着重要的作用。陆地生态系统因为其环境变化剧烈，形成了各具特色的不同特征。在对陆地生态系统产生影响的众多因素中，水分是最主要的生态因子之一。按照地面植被类型，可以进一步将陆地生态系统划分为以下三个次级生态系统。

（1）森林生态系统。森林生态系统一般分布于湿润和半湿润地区，可进一步划分为热带雨林、亚热带常绿阔叶林、温带落叶阔叶林和亚寒带针叶林等森林生态系统。热带雨林主要分布于赤道南北纬20°以内的热带地区,其气候特征是全年高温多雨,无明显季节变化。世界上三大热带雨林分别位于南美洲的亚马孙流域、亚洲的热带地区和非洲的刚果盆地。热带雨林中动植物个体偏大,而且物种类型丰富,食物网错综复杂,是最稳定的自然生态系统。

常绿阔叶林是亚热带海洋性气候条件下的森林,具有热带和温带之间过渡性质的类型。大致分布在南、北纬22°~34°,其中以中国长江流域南部的常绿阔叶林最为典型、面积最大,常绿阔叶林群落外貌终年常绿,一般呈暗绿色而略闪烁反光,林相整齐,由于树冠浑圆,林冠呈微波起伏状。整个群落全年均有营养生长,夏季最为旺盛。群落内部结构的复杂程度仅次于热带雨林。

温带落叶阔叶林是温带、暖温带地区地带性的森林类型。分布于北纬30°~50°,是在北半球受海洋性气候影响的温暖地区。在大陆性气候影响较大的地方,落叶阔叶林过渡成针叶林。在欧亚大陆的温带,西欧典型的落叶林可分布到俄罗斯的欧洲部分。由于冬季落叶,夏季绿叶,所以又称"夏绿林"。落叶阔叶林分布区的气候特点是:一年四季分明,夏季炎热多雨,冬季寒冷。落叶阔叶林的结构比较简单,明显分为乔、灌、草三层。

亚寒带针叶林生长于亚寒带针叶林气候带,主要分布在北纬50°~65°。其分布地区包括北极苔原带以南,温带落叶阔叶林以北的欧亚大陆和北美的寒温带。针叶林带冬季悠长寒冷,夏季短促潮湿,针叶林树种组成单调,地面覆盖很厚的苔藓地衣,灌木和草本植物稀少,冬季积雪很深,动物生存条件不如其他森林带。林木主要是耐寒的落叶松、云杉等。

(2)草原生态系统。草原生态系统一般分布于半湿润、半干旱的内陆地区,如欧亚大陆温带地区、北美中部、南美阿根廷等地,那里降水量较少且集中于夏季。生产者以禾本科草本植物为主,生态系统的营养级和食物网比森林生态系统简单。

(3)荒漠生态系统。荒漠生态系统一般分布于亚热带和温带干旱地区,如欧亚大陆的内陆、美国中西部和北非及阿拉伯半岛等地。那里降水量少。且气候变化剧烈,温差较大。自然环境的严酷限制了植物的生存,生产着数量很少的旱生小乔木、灌木或肉质的仙人掌类植物。种类贫乏,结构简单。在陆地生态系统中,荒漠生态系统是最不稳定的生态系统,很容易遭到破坏而导致其结构损害和功能退化,且很难恢复。

2. 水域生态系统

水域生态系统包括江河湖海，其中海洋的面积最大，占全球面积的2/3。水域生态系统对生物的主要限制因子是光照。在黑暗的水底，因为缺少光照，植物无法进行光合作用，除了少数细菌和极特异的生物之外，几乎没有生物能生存。水域生态系统按照其水化学性质的不同，可划分为淡水生态系统和海洋生态系统。

淡水生态系统，包括河流、湖泊、沼泽、池塘、水库等，其植物类型主要有：①挺水植物，它们的根和茎的下部在水中，上部挺出水面，常见的挺水植物有芦苇、茭白、香蒲等；②浮叶植物，这些植物的根着生在水底淤泥中，叶子和花漂浮在水面上，常见的浮叶植物有睡莲、眼子菜等；③沉水植物，它们的根系扎于湖底，茎、叶等整个植株都在水中，常见的沉水植物有苦草、水花生等；④漂浮植物，这些植物因整个植株漂浮于水面而得名，它们主要是一些藻类等，其中一度成为关注焦点的水葫芦也是漂浮植物。

海洋生态系统，因海水深度的差异分为浅海带和外海带。浅海带包括自海岸线起到深度200米以内的大陆架部分，这个部分光照充足，温度适宜，是海洋生命最为活跃的地带。外海带指深度在200米以下的海区，最深可达万米以上。在海洋深度100米以内的海域，光照充足，水温较高，集中了大多数的海洋生物。随着海洋深度的增加，水压增大，且光照渐至全无，几乎没有任何植物生存，但有以动物或动物尸体为食的少数动物生存。

除了主要的自然生态系统之外，部分生态系统由于受到人类的强烈干预，以至于人类的力量成了这部分生态系统的决定力量，人类力量一旦撤离，这部分生态系统随时有崩溃的危险，这样的生态系统被称为人工生态系统。农业生态系统和城市生态系统是典型的人工生态系统。

农业生态系统对人类的重要用处就是使系统内的物质和能量最大限度地流向人类。它有两个重要特征：①结构极端单一，人类有意识的种植一般都是单种作物种植；②系统稳定性差，人类须通过锄草、去除植食动物的捕食压力及施肥等办法保证作物的生长。人工生态系统的每个环节都需要人力支持，一旦人类力量撤销，则随即杂草丛生。

城市生态系统似乎是人类控制自然环境最成功的象征，它只能在人类力量的支持下运行。在城市生态系统中，自然生态系统的物质循环和能量流动方式被彻底改变。

（三）生态系统的能量流动

地球生态系统具有强大的物质生产力，海洋面积虽然是陆地面积的两倍，但其净初级生产总量却不到陆地的1/2。在海洋中，珊瑚礁和海藻床是高生产量的；河口湾由于有河流的辅助能量输入，上涌流区域也能从海底带来额外的营养物质，因此它们的净生产量较高。在陆地生态系统中，热带雨林的生产量是最高的，由热带雨林向常绿阔叶林、落叶阔叶林、针叶林、草原、荒漠的顺序净生产量依次减少。生态系统的净初级生产所获得的能量，每往下传一级，其损耗大约为90%，因此，较高级营养级所固定的能量仅为从较低营养级所获得能量的1/10，这就是著名的林德曼定律。但这只是一个近似值，在不同的生态系统中，高的可达30%，低的却仅为1%，甚至更低。

从生态系统的角度来看，能量的流动基本上是通过食物网进行的，并形成逐级递减的趋势。但是食物网的复杂性也使能量的流动异常复杂，能量往往有多条流动渠道。虽然能量流动的渠道复杂，但是它进入生物系统的途径是唯一的，即生物间能量流动的开端是唯一的，但出口却是多样的。

总的来说，自然界的能量在生物中的流动可以分为四个库：植物能量库、动物能量库、微生物能量库和有机物能量库。太阳光经反射、散射，被大气吸收后，部分到达生物圈，其中一部分被植物利用并储存，植物本身的新陈代谢消耗一部分能量，被以热量的方式返还自然界，剩余部分通过食物链传递到动物能量库，或因死亡而进入有机物库，并最终由分解者分解进入微生物库，在此过程中一直伴随着能量向自然界的流动，动物能量库的能量也通过新陈代谢、捕食、死亡等途径，最终进入自然界，从而构成了能量在地球生态系统中的流动。

（四）生态系统的物质循环

大气、水体和土壤等环境中的营养物质通过绿色植物的吸收，进入食物链被其他生物重复利用，最后再进入环境，这一过程被称为生态系统的物质循环。物质循环可以用两个概念来表示：一是库；二是流通。以一个池塘生态系统中的磷循环为例，磷在水体内的含量是一个库，在水生生物体内是一个库，在底泥内又是一个库，水生生物吸收水中的磷，死后沉入水底，再由底泥向水中缓慢释放出磷，这样便构成了磷的循环。在地球生态系统中，最重要的物质循环包括水循环、碳循环、磷循环等。

1. 水循环

水是生命过程中最重要的成分，是生物体各种生命活动的递质。地球上的江河湖海、冰川、土壤、大气都含有大量的水，其中海洋中的液体——咸水约占地球水总量的97%。生物圈的水循环是在大气、海洋和陆地之间进行的。当海洋受热，水蒸发成水蒸气，部分随大气环流进入内陆，通过雨、雪等形式降到地面，或成为高山积雪，或形成地表、地下径流再次进入海洋，其中一些地面的水分也会直接蒸发，或被生物利用而进入大气，通过环流进入海洋。地面的蒸发量与植被有着密切的联系，土地裸露会使土壤的蒸发量增大，没有植被的截留，地面径流也会增大，并同时导致肥沃土壤的严重流失。植被对调节水分平衡起着重要的作用。不同植被保持水土的作用不一样，森林可截留夏季降水量的20% ~ 30%，草地可截留降水量的5% ~ 13%。树冠的强大蒸腾作用，可使林区比无林区、少林区降水量增加30%左右，林地内的地表径流量比无林地少10%左右，人类若不注意保护植被且滥用生物资源，就会导致水土严重流失、土地荒漠化和气候恶化。

2. 碳循环

碳是一切生命中最基本的成分，有机体的干重45%以上都是碳。全球的碳储存量大部分以碳酸盐的形式禁锢在岩石圈中，少部分储存在化石燃料中，但是生物可以直接利用的碳却来自大气和海洋。大气中的碳通过光合作用被植物吸收，并在生物中循环利用，最终通过呼吸作用和有机体的分解腐烂而重新进入大气中，碳也可以通过径流进入海洋中，被海洋中的生物所利用。同样，随着海洋生物的死亡又将碳释放到海水中，一部分海洋生物因死亡而沉入海底，将暂时脱离循环，但以石灰岩和珊瑚礁的形态露于地表，在风化作用下，将再次进入大气。海洋可以说是大气碳储量的良好调节器，但目前随着工业生产的需要，过多的化石燃料被利用，工业生产释放了大量的二氧化碳，打乱了地球生态系统的自我调节进程。虽然仍有人怀疑二氧化碳在大气中含量的变化与当前全球气候变暖具有因果关系，但二氧化碳含量在大气中的增加会对整个生物圈产生难以控制的后果是不容置疑的。

3.磷循环

磷是生命不可或缺的重要元素，也是生物遗传物质DNA（脱氧核糖核酸）的重要组成部分。磷不能与任何气体化合，主要分布在岩石中，另外是在土壤和水体的溶解盐中，地球上磷循环的开端是从岩石开始的，岩石通过风化作用和人类的开采，在水中形成磷酸盐，从而被动植物吸收并重复利用，最终由于生物的死亡而回到环境中。溶解性的磷酸盐顺着河流流入海洋，并沉淀在海底，这一部分将长期留在海底，而只有通过地质变迁，形成新的地壳才能在风化后再次进入循环。但在当代，因为人类对磷矿的大量开采，过度地消耗磷矿产，溶解性磷酸盐在江河湖海中的浓度增大，形成了水体的富营养化，威胁到人们的饮水安全。另外，由于磷再次进入循环的时间间隔非常长，大规模地开采磷，有可能导致未来磷供给的短缺，从而成为人类生存发展的限制因子。

地球的能量流动和物质循环已经处于人类的过度干预之中，人类破坏了地球本来良好的能量流动和物质循环的平衡，这对地球生态系统的影响将是难以预测和控制的。可以说，人类的这些活动已经使人类自身陷入了危机。

二、生态文明建设

生态文明建设是指以生态文明思想为指导，以人与自然和谐为宗旨，以解决资源环境生态问题为核心，以思维方式、发展方式、生产方式和生活方式的绿色转型为抓手，不断提高和优化生态环境质量，最终实现经济社会可持续发展的一种有目的、有计划、有组织的动态发展的实践活动和过程。

（一）生态文明建设的理论基础

任何一种思想的产生，都不是无源之水、无本之木，都有其深刻的理论渊源和深厚的理论基础。党和国家提出大力推进生态文明建设的重大决策，立足中国特色社会主义实践的需要，又以科学的生态文明理论为思想基础和前提。

1.生态文明思想

（1）生态保护观

第一，保护自然。从本体论的维度深入剖析，人类作为自然界的有机组成部分，其存续与发展紧密镶嵌于自然界的宏大叙事之中，构成了一种共生共荣、相互依存的生态逻辑链。这一生态关系深刻地揭示了人类活动与自然环境的不可分割性，强调了保护自然对实现人类社会可持续发展的核心意义。在这一理论框架下，生态环境被置于前所未有的高度，被视为支撑人类生存与发展的基石，其不可替代性与基础性作用得到了前所未有的重视。

生态环境作为人类生存与发展的先决条件，其健康状态直接关系到国家长远发展的命脉，凸显了生态环境保护的战略地位与紧迫性。这种对生态环境优先性、基础性的深刻认识，不仅是对人与自然和谐共生理念的深化，也为全球生态文明建设贡献了中国智慧与中国方案。

在明确生态环境重要性的基础上，进一步阐明了人与自然相处的应有之道，即倡导一种尊重自然、顺应自然、保护自然的生态伦理观。这一论述鼓励人们采取积极、负责任的态度对待自然，倡导通过绿色、低碳、循环的发展模式，实现经济社会发展与生态环境保护的和谐统一。

"大力保护生态环境，实现跨越发展和生态环境保护协同共进"的战略目标，是对我国生态文明建设实践经验的深刻总结，也是对未来发展方向的明确指引。这一战略构想，为我国乃至全球生态环境保护事业注入了强大的动力与信心，为实现人与自然和谐共生的美好愿景提供了坚实的思想基础与实践路径。

第二，顺应自然。生态环境的优先性和自然规律的客观性决定了人们对客观世界的改造理应建立在尊重自然、顺应自然规律的基础之上。一方面，人类活动以遵循自然规律为前提。由于人是自然之子，包括人类在内的自然界是一个完整、有机的生态系统，具有自身运动、变化和发展的内在规律。因此，只有尊重自然规律，才能有效防止在开发利用自然上走弯路。这个道理要铭记于心、落实于行。这就是说，顺应自然、遵循自然规律是人与自然相处时应遵循的基本原则。人类只有加深对自然规律的认识和把握，并科学地利用自然为自己服务，才能在人与自然和谐相处中，实现人与自然共生共赢。另一方面，人类应减少对自然的伤害。生态环境问题的产生，在很大程度上是人类不合理的实践活动所造成的。要达到保护生态环境的目的，就要以保护自然生态系统的平衡、稳定为目标，在遵循自然规律的前提下，尽可能地减少对自然的干扰和损害，避免人类行为对大自然造成更大损害，这是保护自然的重要前提。

（2）生态忧患观

居安思危、安不忘忧是为人处世的人生哲学，也是人们对待人与自然关系的应有态度。

第一，居安思危。长期以来，我国坚持以经济建设为中心，把发展经济作为一切工作的重中之重。然而，在经济发展过程中由于缺乏对生态环境的考量，对自然生态环境造成严重破坏。现阶段，生态环境问题不仅是一个社会问题，而且已经演变为重大的民生问题，甚至成为制约我国经济社会可持续发展的主要瓶颈。故此，人类发展活动必须尊重自然、顺应自然、保护自然。为了经济社会发展的可持续，必须树立生态忧患意识，做到防患于未然，有效防范资源、环境、生态风险，确保我国资源、环境和生态安全。

第二，以史为鉴。在人类历史长河中，生态问题并非工业文明的产物，在每一个历史时期都会有生态问题存在，只是生态问题的产生程度与显现程度有所不同。就世界历史而言，良好的生态环境奠定了优秀文明发展的根基。然而，四大文明之所以消失湮灭，皆是生态环境恶化所致。就我国历史而言，现在植被稀少的黄土高原、渭河流域、太行山脉，也曾森林遍布、山清水秀、地宜耕植。由于毁林开荒、乱砍滥伐，这些地方的生态文明遭到了严重破坏。由此可见，生态环境的兴衰决定了人类文明的兴衰和人类的生存发展。这就告诫人们，要以史为鉴，吸取生态教训，在从大自然索取的同时，大力推进生态文明建设，筑牢人类永续发展的生态根基。

（3）生态治理观

第一，系统治理。在承认自然的客观性的前提下，马克思、恩格斯揭示了人与自然关系的辩证图景，将人们所接触的自然界视为一个完整的体系，并且构成这一体系的要素之间紧密联系、相互影响。"生命共同体论"要求按照系统思维推进生态治理和环境治理。这一思想为我国开展生态治理和环境治理提供了科学指南。一方面，要从生态系统的整体性、系统性出发，对生态系统进行系统监管，系统推进护山、护林、植树、治水等生态管理和生态建设工作，增强生态治理的整体性和系统性；另一方面，要从环境问题的关联性出发，深刻认识到环境问题并非彼此割裂，而是相互渗透、相互影响的。故此，必须把环境治理作为一项重大的系统工程，按照系统工程的方式推进环境治理，切实把资源能源保护好，把环境污染治理好，把生态环境建设好，为人民群众营造良好的生产环境，提供优美的生存环境。

第二，依法治理。法是国之重器，良法是善治的前提。依法治国是推进国家治理现代化的重要途径和基本方式，用法律权威来保障生态文明建设是党中央高度重视、反复强调的重要问题。近年来，随着"四个全面"战略布局持续推进，全面依法治国被推上了新的高度。党和国家坚持以法治思维和法治方式推进生态文明建设，全面深化和推进生态文明法治建设。然而，我国生态文明建设领域有法不依、执法不严、违法不究等现象和问题仍然存在。针对此类问题，保护生态环境必须依靠制度、依靠法治。只有实行最严格的制度、最严密的法治，才能为生态文明建设提供可靠保障。主张加强生态立法工作，要深化生态文明体制改革，把生态文明建设纳入制度化、法治化轨道，不断强化法律的权威性、增强法律的约束力，对阻碍和干预环境保护执法的行为与个人要严肃追究责任。这不仅揭示了法律对生态文明建设的权威性，也彰显了我国对待环境违法事件零容忍的坚决态度。

2. 可持续发展理念

20世纪80年代以来，随着全球性资源危机、环境恶化和生态破坏等问题日趋严重，生态环境问题成为涉及全球共同利益和每个国家现代化建设进程中面临的重大现实问题。鉴于此，人类开始反思单纯追求经济发展而牺牲生态环境的发展模式和道路，并开始探求新的发展模式和发展观。"可持续发展"的提出，表达了人与自然和谐共生的价值诉求与实现人类社会永续发展的美好愿望，逐渐成为世界各国的基本共识，也成为我国生态文明建设的思想来源。

（1）可持续发展理念的提出和确立。自工业文明兴起以来，人类社会在追求经济与社会进步的过程中，一度忽视了与自然界和谐共生的基本原则，片面强调人类中心主义，忽视了自然生态系统的需求与承载能力，对自然进行了过度开发与改造，导致了全球范围内生态危机的暴发，对人类自身的生存与发展构成了严峻挑战。20世纪中叶，欧美及日本等地频发的环境公害事件，犹如警钟长鸣，促使全球社会深刻反思：以牺牲环境为代价的经济增长模式是不可持续的。这一认识标志着人类开始从大自然的反馈中觉醒，认识到构建经济社会发展与生态环境保护相协调的发展路径至关重要。

在此背景下，一系列标志性事件与著作的涌现，推动了全球对可持续发展理念的探索与认同。蕾切尔·卡逊的《寂静的春天》不仅揭示了化学物质对生态环境的破坏，更激发了公众对环境保护的广泛关注，为国际环保行动奠定了舆论基础。随后，联合国"人类环境会议"的召开及《人类环境宣言》的签署，标志着环境保护成为全球共识的起点。《生存的蓝图》与《增长的极限》等著作则前瞻性地探讨了经济发展与资源环境之间的平衡问题，孕育了可持续发展的初步构想。

随着研究的深入，1975年莱斯特·布朗的《建设一个可持续发展的社会》一书，首次明确提出了"可持续发展"的概念，为人类社会指明了新的发展方向。1980年，联合国进一步强调了研究自然、社会、生态、经济及资源利用间复杂关系的重要性，旨在确保全球范围内的可持续发展。至1987年，《我们共同的未来》报告正式明确了可持续发展的定义，即"既满足当代人的需求，又不损害后代人满足其需求的能力的发展"，这一理念迅速成为被国际社会广泛接受的发展范式。

此后，《约环境与发展宣言》与《全球21世纪议程》等文件的出台，不断重申并细化了可持续发展的目标与原则，涵盖人口、资源、环境、经济和社会等多个维度，推动了全球范围内可持续发展实践的深入开展。至此，"可持续发展"已从单一的概念发展成为一种国际公认的发展观和战略理念，指引着各国在追求经济增长的同时，更加注重生态环境的保护，努力实现经济、社会与环境的协调共生，为后代留下一个更加宜居的地球。

（2）可持续发展的概念和内涵。提出可持续发展理念，走可持续发展道路，是对工业文明造成的生态危机及人与自然之间矛盾冲突的严重教训进行深刻反思后做出的必然选择。作为一种新的发展理念，可持续发展具备新的内涵和特点。

第一，可持续发展的概念。自"可持续发展"概念被明确提出以来，学术界围绕其内涵展开了广泛而深入的探讨，这一过程跨越了经济、自然、社会等多个学科领域，形成了多元化的理解框架。经济学者从经济增长的视角出发，将可持续发展诠释为一种发展模式，它要求在提升当代人福祉的同时，确保不对未来世代的福祉造成侵蚀，体现了对代际公平的深刻关怀。

在自然科学尤其是生态学领域，研究者则聚焦于自然资源的可持续利用与生态系统的健康稳定，将可持续发展视为实现自然资源开发利用与生态保护之间动态平衡的关键路径。这种视角强调了人类活动须遵循自然规律，确保生态系统的自我恢复能力不受损害，以支撑人类社会的长期存续。

联合国环境规划署（UNEP）作为国际环境合作的重要平台，其基于社会维度的定义进一步拓宽了可持续发展的视野，指出可持续发展旨在不超越环境承载能力的前提下，通过科技创新、政策引导等手段，持续提升人类的生活质量和社会福祉，彰显了人与自然和谐共生的愿景。根据《我们共同的未来》报告中的定义，因其全面性和前瞻性而被广泛接受，该定义将可持续发展凝练为既满足当代人类发展需求，又不损害后代人满足其需求能力的发展模式。这一表述不仅涵盖了经济、社会、环境三大支柱领域的协调发展，还深刻揭示了可持续发展的核心价值——追求人类社会的永续发展与文明进步，为全球范围内的可持续发展实践提供了重要的理论支撑和行动指南。

第二，可持续发展的内涵。可持续发展的科学内涵深远而广泛，它超越了单一学科界限，特别是生态学范畴，构建起一个涵盖自然、经济、社会三大维度的综合性体系——"自然—经济—社会"复合系统。这一体系致力于实现多维度间的公平与可持续性，强调人类与自然之间、人与人之间及人与社会之间的和谐共生与共同发展。具体而言，可持续发展涵盖生态、经济和社会三大支柱领域，每个领域均追求与自然界的和谐统一及内部要素间的协调并进。

在生态环境层面，可持续发展要求人们在利用自然资源的同时，实施严格的资源保护策略，提高不可再生资源的利用效率，并积极探索可再生资源及新能源的开发利用途径。这一过程需充分考虑环境系统的承载能力，确保生态系统的健康稳定，为经济社会的长远发展奠定坚实的自然基础。此外，生态环境保护与经济社会发展应相互融合，形成良性循环，共同促进整体系统的可持续性。

经济可持续发展则倡导转变传统的发展观念，不再单纯依赖GDP（国内生产总值）作为衡量发展成效的唯一标尺，而是将消除贫困、环境保护等因素纳入综合评价体系。这一理念旨在推动经济发展模式的转型，使之既能满足当代人的需求，又不损害后代人满足其需求的能力，实现经济的长期稳定增长与环境的和谐共生。

社会可持续发展则强调构建人与自然、人与社会之间的和谐关系，将尊重自然规律与社会发展规律作为社会发展的基本准则。它要求提升全民的可持续发展意识，增强对后代子孙负责的责任感，通过教育、科技等手段不断提升社会整体的可持续发展能力。同时，国际社会须加强合作，共同制定全球性目标和政策，以尊重各国主权为前提，促进全球环境与发展体系的共同保护，确保可持续发展的全球性与普遍性。

（3）从可持续发展到生态文明。可持续发展理念，作为一种深刻而全面的发展范式，其基石在于平衡人类活动与自然环境的和谐共生。它不仅确认了人类享有利用自然资源以促进经济社会发展的权利，更强调了人类对于维护生态环境、确保后代福祉所肩负的责任与义务。这一理念的核心在于保障资源分配、环境保护和生态安全的代内公平与代际公平，跨越国界，促进全球范围内的可持续发展合作。

随着可持续发展理念的理论体系逐步构建与完善，全球各国纷纷将其融入国家发展战略之中，根据各自国情制定并实施了一系列旨在促进经济、社会、环境协调发展的政策措施。在这一背景下，中国政府对可持续发展的认识不断深化，1996年的新诠释不仅重申了当前与未来发展需求的兼顾，更鲜明地体现了以人民为中心的发展思想，即不以牺牲后代利益为代价换取当代的短期繁荣，彰显了中国政府对可持续发展道路的坚定信念与责任担当。

《中国21世纪议程》的发布，标志着中国将可持续发展理念转化为国家行动的明确蓝图，为经济、社会、环境的综合协调发展提供了战略指导。随后，党的十七大提出的"建设生态文明"目标，进一步丰富了可持续发展的内涵，将生态文明建设提升至国家战略高度。生态文明，作为人类文明发展的新形态，其核心理念与可持续发展高度契合，均致力于实现人与自然和谐共生的美好愿景。生态文明不仅继承了可持续发展的精髓，还在实践层面提出了更高要求，成为可持续发展理念在新时代背景下的深化与拓展，为实现更高水平的可持续发展奠定了坚实的基础。因此，可以说，可持续发展理念是生态文明建设的理论基石，而生态文明建设则是可持续发展理念在实践层面的创新与发展，二者相辅相成，共同推动人类社会向更加绿色、低碳、循环的发展模式迈进。

（二）生态文明建设的科学依据

生态系统具有14条定律，这些定律反映出生态文明建设的自然科学依据。具体如下：

第一，和其他一切系统一样，生态系统物质和能量守恒。这便是热力学第一定律——能量守恒，能量不能被消灭和创生。太阳是地球上一切活动的终极能源。

第二，生态系统的物质是完全循环的，能量是部分循环的。生态系统不使用不可再生资源，而是在系统内部进行元素循环。成熟的生态系统捕获更多的太阳辐射能，但也需要更多的能量用于维持自身在这两种情况下都有部分太阳辐射能被反射掉。

第三，生态系统中的一切过程都是不可逆的、熵增的，而且是消耗自由能的。

第四，生态系统中的一切生物组分都具有相同的基本生物化学性质。一切生物体的生物化学过程是基本一致的，这意味着不同类型的生物体的基本构成是高度相似的。原始细胞和最高等的动物——哺乳动物的生物化学过程有着惊人的相似，因而新陈代谢过程也大致一样。所有植物的光合作用的关键步骤也是一样的。

第五，生态系统是开放系统，需要自由能的输入以维持其功能。根据热力学第二定律，所有动态系统的熵都不可逆地趋于增加，系统因此而失去有序性和自由能。因此，生态系统需要输入能量以抵抗热力学第二定律的作用而做功。生态系统不仅在物理上是开放的，在本体上也是开放的。由于生态系统的高度复杂性，生态学认同生态学观察的不确定性原则。

第六，如果输入的自由能多于生态系统维持自身功能的需要，则多出的自由能会促使系统进一步偏离热力学平衡。如果一个（生态）系统获得远超过维持其热力学平衡所需的自由能，则额外自由能会被系统用于进一步远离热力学平衡，这便意味着系统获得了生态烟。

第七，生态系统有多种偏离热力学平衡态的可能，而系统会选择离热力学平衡态最远的路径。自量子力学引入不确定性原理以来，可以发现人们实际上生活在具有偏好性的世界，这个世界发生着各种可能性的实现和不同的新可能性创生的演化过程。所以说生态系统能做出选择是顺理成章的。一个接受㶲的系统会尽量利用㶲，以远离热平衡态，如果有更多组分和过程的组合为㶲所利用，那么，系统会选择能够为其提供尽可能多㶲含量（储存）的组合。

第八，生态系统有三种生长形式：生物量增长、网络增强、信息量增加。

第九，生态系统具有层级结构。生态系统是由不同层级结构组成的，这使生态系统具有这样一些优势：变化（干扰）会在较高或较重要的层级上减弱，功能失常时易于修复和调整，层级越高，受环境干扰越小，本体开放性可被利用。开放性决定等级层次的空间和时间尺度。生物有机体的构成层级是细胞—组织—器官—个体。生物有机体属于不同的物种，物种在种群中，多个种群构成一个互相影响的网络系统，网络系统与环境中的非生物成分构成生态系统，生态系统相互影响构成景观，多个景观组成区域。地球上的所有生命物质组成生物圈，生物圈和非生物组分组成生态圈。

第十，生态系统在其每一个层级都有高度的多样性，包括细胞层级的多样性、器官层级的多样性、个体层级的多样性、物种层级的多样性、群落层级的多样性和生态系统层级的多样性。正因为有不同层级的多样性，生态系统才具有很强的韧性，于是，即使在最极端的环境中仍有生命存在。

第十一，生态系统具有较高的应对变化的缓冲能力。有三个与系统稳定性相关的概念：恢复力、抵抗力和缓冲力。恢复力通常指一个物体在变形（特别是受压变形）后恢复其原有大小和形状的能力。抵抗力指受到影响，或强制函数改变，或出现扰动时，生态系统抵抗这些变化的能力。缓冲力与抵抗力密切相关。生态系统的多种缓冲力总与其生态㶲有显著的相关性。生态㶲甚至是生态系统之缓冲力总和的一个指标。人们能在自然界发现的参数在所有情境中通常都能确保高生存概率和高生长速率，于是可避免混沌。有这些参数，资源就能得到最佳利用，以获得最高的生态㶲。

第十二，生态系统的所有组分都在一个网络中协同工作。生态网络是生态系统远离热力学平衡的重要工具，它使生态系统在可供其生长和发育的资源中获得尽可能多的生态㶲。资源在网络中通过额外耦合或循环提高了利用率。网络的形成使生态系统对物质和能量的利用具有了巨大优势。网络意味着无限循环，网络控制是非局域的、分散的、均匀的。网络对生态系统的影响很重要，这些作用包括：协同作用、互助作用、边界放大效应和加积作用（总系统通流量大于流入量）。食物链的延长对网络的通流量和生态熵具有积极效应。减少对环境的生态熵损耗或减少碎屑物会使网络产生更强的功能和更高的熵。较快的循环（通过较快的碎屑物分解或加快两个营养级之间的传输）能使网络产生较强的功能和较高的熵，在食物链中越早增加额外的生态熵或能量循环流，所产生的效果就越显著。

第十三，生态系统包含大量的信息。大量信息体现在个体基因组和生态网络两个层面。等级这个概念可用于表示生态网络所显示的信息量，但为了和基因组的信息表达一致，有必要用生态熵表示信息的流通，进化可被描述为信息量的增长。基因组信息量增长被认作垂直进化，而生物多样性增加导致的生态网络及其信息的增加被认作水平进化。当生物量增长接近限值时，遗传信息和网络信息仍大有增长的可能性（远离极限）。信息体现于各种生命过程，生命就是信息，信息并不守恒。信息传递是不可逆的，信息交换就是通信。

第十四，生态系统具有涌现的系统属性。系统大于各部分之和。生态系统的属性不能仅由其组分加以说明，生态系统远超过其各部分之和。它们具有独特的整体属性，这些属性能够说明它们如何遵循地球上的热力学定律、生物化学规则和生态热力学规律而生长发育。

如此概括的生态（系统）规律显然继承了现代物理科学规律，如继承了物质和能量守恒原理、热力学第二定律等，但同时做了极为重要的补充，补充了系统论和信息论的基本原理。恰是这种补充，使生态学的问世具有了革命性的意义。

人们在生产与消费中要同时遵循物理科学规律和生态学规律。对物理科学规律的运用要受到生态学规律的约束，只有遵循生态学原理，才能卓有成效地建设生态文明和美丽中国。

（三）生态文明建设的主要特征

为了对生态文明建设有一个整体把握，需要深刻理解生态文明建设的主要特征。认识和分析生态文明建设的基本特征，对有序推进生态文明建设、顺利实现生态文明的目标具有重要意义。生态文明建设有以下四个方面的特征：

1.生态文明建设的全民性

所谓全民性，是指生态文明建设是一项全民事业，需要融入最广泛的社会力量共同推动，生态文明建设的成果也必将惠及广大人民群众。因此，社会主义生态文明建设是全体人民群众共同的事业，必须充分发挥人民群众在生态文明建设和生态文明治理中的主体作用。各级政府、社会组织、各类企业、各级学校、每个家庭及个人等都是生态文明建设的参与主体，都应为生态文明建设做出积极贡献。这就需要构建常态化、制度化的生态文明建设公众参与机制，提高社会公众参与生态文明建设的意识，完善公众参与生态文明建设的设备条件，鼓励和引导各类主体，特别是引导人民群众积极参与生态文明建设实践，凝聚社会合力推进生态文明建设，使生态文明建设固化和扎根于社会之境。

2. 生态文明建设的系统性

所谓系统性，是指生态文明建设超越了单纯的生态环境领域，是一项多元主体共同推动、多个子系统共同构成的系统工程。这一系统工程涉及生态文明建设的决策、实施、任务、动力和目标等要素与环节。其中，决策系统是指生态文明建设的顶层设计、规划部署，是生态文明建设有序进行的"导航仪"；实施系统是指生态文明建设的实践活动，是生态文明建设落地生根的必备环节；任务系统是指生态文明建设所要解决的核心问题，是生态文明建设取得成效的关键所在；动力系统是指生态文明建设运行的外部动力条件，是生态文明建设得以高效运行的重要支撑；目标系统是指生态文明建设的奋斗目标，是生态文明建设的根本动力。五大系统相互依存、相互影响，构成一个完整的有机整体，共同推进生态文明建设。

3. 生态文明建设的整体性

所谓整体性，是指生态文明建设不只关注生态环境的改善、优化和成效，还关注整个自然界，不能脱离整个自然界而独立开展。由于人们所接触的整个自然界构成一个体系，即各种物体相联系的总体，而这里所理解的物体，是指所有的物质存在，生态文明建设作为一种追求人与自然和谐的实践活动，既以自然界为对象，又以自然界为前提，离开地球生态系统这个母体，生态文明建设将不复存在。

因此，一方面，生态文明建设要坚持以大自然生物圈整体运行的宏观视野来全面审视人类社会的发展问题，以相互关联的利益体的整体主义思维来处理人类与自然、人类与其他物种的关系。概言之，要将生态文明建设置于大自然整体的大格局中去考量和践行，避免各种生态项目工程和生态建设活动对自然造成二次伤害。另一方面，地球是一个有机系统，我国虽然存在生态环境问题，但生态危机往往是全球性的。在人类命运共同体思想的指引下，推进生态文明建设，实现人类期待的生态文明，需要具备全球眼光，既要从国家永续发展的角度考虑生态问题，又要从世界整体的角度考虑生态问题，努力在全球生态治理中做出更大贡献。

4.生态文明建设的协调性

所谓协调性，是指在生态文明建设实践过程中，生态文明建设与其他建设之间、生态文明建设的各个方面与各个环节之间要密切配合、彼此协作、协调发展。这种协调发展包括以下三个层面。

（1）生态文明建设的外部协调，具体是指生态文明建设与其他"四大建设"之间协调发展。生态文明建设是"五位一体"总体布局[①]的基本构成。"五大建设"互为条件、不可分割、相互促进并相互制约。其中，生态文明建设是基础和根本，其他建设必须建立在良好的生态环境基础上。只有拥有良好的生态环境，才能实现高度发达的物质文明、精神文明、政治文明和社会文明。因此，在把握总体布局中坚持协调发展，就是要在整体推进社会主义事业中全面凸显生态文明建设的基础性地位，将生态文明建设融入经济建设、政治建设、文化建设和社会建设。由于生态文明建设与经济、政治、文化、社会四大建设之间有着密切关联，因而推进生态文明建设须臾离不开对其他建设的深度考量，生态文明建设只有与其他"四大建设"协调发展，"五大建设"才能形成强大合力。

（2）生态文明建设的空间协调，即不同地区之间，包括城乡、区域之间的生态文明建设要协调配合、良性互动。

（3）生态文明建设的内部协调，主要是指生产、生活与生态之间要相互配合、协调发展。只有增强生态文明建设的协调性，才能保证生态文明建设的实效性。

（四）生态文明建设的重点内容

在厘定生态文明建设概念和特征的基础上，需要进一步明确生态文明建设的任务和重点。当前和今后一个时期，我国生态文明建设要重点做好如下工作。

[①] "五位一体"总体布局：经济建设、政治建设、文化建设、社会建设和生态文明建设五位一体，全面推进。

1.追求人与自然和谐共生

人因自然而生，自然界是人类社会赖以存在和发展的永恒前提，人与自然是"一荣俱荣、一损俱损"的生态关系。然而，自工业文明时代以来，人们在经济社会发展过程中体现强烈的"人类中心主义"倾向，破坏了原有的"天人合一"格局。生态文明的核心是正确处理人与自然的关系，追求人与自然的和谐，要求重建和谐共生、良性互动的人与自然的关系，以消解人与自然的对立。要实现这一目标，就必须大力推进生态文明建设，重点聚焦人类的生产和生活实践，注重保护和改造自然并重，努力在保护中改造，在改造中实现保护。从这个意义上说，生态文明建设的过程也意味着对人类欲望和不合理行为的节制。唯有如此，才能推动人类生产生活实践的绿色化转向，促进有机生命体和无机环境间的协调发展，从而达到一个和谐状态，最终实现人与自然和谐共生。

2.破解资源环境难题

改革开放以来，我国创造了经济发展的"中国奇迹"，但也造成了严重的生态危机。推进生态文明建设，就是要彻底缓解我国资源紧缺之势、环境污染之势、生态系统退化之势，着力攻克资源短缺、环境污染、生态退化"三大难题"，确保我国资源安全、环境安全、生态安全，夯实我国经济社会发展的自然物质基础，增强我国经济社会发展的可持续性。

3.促进绿色转型与发展

在人类文明史上，工业文明反映了人类社会的进步状态。但是，"主宰自然的价值观、线性生产模式、高物质消费模式"是工业文明的主要特征。推进生态文明建设，就要按照生态文明的要求，克服工业文明弊端，推动人的思维方式、发展方式、生产方式和生活方式的绿色化转型，最终形成有利于节约资源和保护生态环境的生态文明观念、绿色发展方式、绿色生产方式和绿色生活方式，使绿色发展、绿色生产和绿色生活成为生态文明新时代我国经济社会的主旋律。

第二节　大学生生态文明教育的时代背景

人与自然的关系是人类社会最基本的关系。自然界是人类社会产生、存在和发展的基础与前提，人类则可以通过社会实践活动有目的地利用自然、改造自然。但人类归根结底是自然的一部分，在开发自然、利用自然时，人类不能凌驾于自然之上，人类的行为方式必须符合自然规律。人与自然是相互依存、相互联系的整体，对自然界不能只讲索取不讲投入、只讲利用不讲建设。保护自然环境就是保护人类，建设生态文明就是造福人类。

保护生态环境已成为全球共识，建设生态文明是关系人类福祉、关乎民族未来的大计，是实现中华民族伟大复兴的中国梦的重要内容。

中国共产党一贯高度重视生态文明建设。20世纪80年代初，我国就把保护环境作为基本国策。进入21世纪，又把节约资源作为基本国策。经过40多年的快速发展，我国经济建设取得历史性成就，同时也积累了大量生态环境问题，成为明显的短板。各类环境污染呈高发态势，成为民生之患、民心之痛。随着社会发展和人民生活水平不断提高，人民群众对干净的水、清新的空气、安全的食品、优美的环境等的要求越来越高，生态环境在群众生活幸福指数中的地位不断凸显，环境问题日益成为重要的民生问题。

生态环境没有替代品，用之不觉，失之难存。保护生态环境，功在当代，利在千秋。必须清醒认识保护生态环境、治理环境污染的紧迫性和艰巨性，清醒认识加强生态文明建设的重要性和必要性，以对人民群众、对子孙后代高度负责的态度，加大力度，攻坚克难，全面推进生态文明建设，使青山常在、绿水长流、空气常新，让人民群众在良好生态环境中生产生活。

一、时代呼唤生态文明建设的迫切需求

党的十九大报告中深刻阐明了生态文明建设的重大意义，强调其不仅惠及当代，更泽被后世。这一论述，与党的十八大报告中的生态文明建设理念一脉相承，共同构成了国家发展战略的重要基石。面对全球范围内资源环境问题日益严

峻的挑战，生态文明建设被提升至前所未有的高度，成为关乎民族存续、人民福祉的长远考虑。它要求在发展进程中，必须秉持尊重自然、顺应自然、保护自然的核心理念，将生态文明建设深度融入国家发展的各个领域与全过程，致力于构建一个天蓝、地绿、水清的美丽中国，进而实现中华民族永续发展的宏伟目标。

在此背景下，思想政治教育作为塑造社会价值观念、引导公众行为的重要阵地，其内涵与外延亦须与时俱进，积极响应生态文明建设的时代呼唤。传统上聚焦于人与人、人与社会关系的研究视角，须进一步拓展至人与自然关系的深刻探讨，通过生态文明教育的系统实施，促进个体形成全面、协调、可持续的发展观念。这不仅是思想政治教育主动适应经济社会发展新趋势的必然举措，也是其积极服务国家生态文明建设大局、提升教育实效性的具体体现。

将生态文明教育融入思想政治教育的内容体系，是教育创新与实践的重要方向。它不仅体现了思想政治教育对现实问题的敏锐洞察与积极回应，更是其作为国家意识形态工作重要组成部分，主动对接国家发展战略、提升教育针对性的具体行动。对于大学生群体而言，这一举措尤为关键，因为他们是国家未来的建设者和接班人，其生态文明素养的高低将直接影响到未来社会可持续发展的能力与水平。因此，加强大学生生态文明教育研究与实践，不仅是对"建设生态文明"时代要求的积极响应，更是为培养具备生态文明理念的新时代公民，推动生态文明建设向纵深发展奠定坚实基础的重要举措。

二、严峻生态危机催生紧迫应对需求

随着国家对生态文明建设的高度重视与公众环保意识的显著提升，人们越发认识到，改革开放40余年经济高速增长的背后，是生态环境承受的巨大压力与牺牲。生态危机的蔓延不仅掣肘了我国社会经济的可持续健康发展，更直接关乎国民健康福祉与生活质量，乃至国家的长远发展根基。面对这一紧迫形势，采取积极有效的措施加以应对，已成为社会各界的共识与迫切需求。

缓解乃至遏制生态危机，须多管齐下，综合施策。科学技术的应用与创新，须基于正确的价值导向，为环境治理提供技术支持；生态环境法律法规的完善与严格执行，则是制度层面的坚实保障。然而，更为根本的是，须从思想层面入手，强化生态价值观念的引导与生态道德的教育，以文化人，促进全社会形成尊重自然、顺应自然、保护自然的良好风尚。

在此背景下，党和政府高度重视生态文明宣传教育工作，致力于在全社会范围内牢固树立起生态文明理念，这不仅是时代赋予的使命，也是推动生态文明建设向纵深发展的必然要求。大学生作为社会进步与变革的先锋力量，其价值观念对社会整体价值观的形成和发展具有显著的引领与示范效应。因此，加强大学生生态文明教育，不仅是对生态文明建设战略的积极响应，更是培养未来社会建设者与生态文明传承者的关键举措，其重要性不言而喻，应当作为当前教育工作的重点与优先方向加以推进。

三、现实对生态文明教育的迫切需求

生态文明建设作为建设中国特色社会主义现代化"五位一体"总体布局中不可或缺的组成部分，已经得到党和政府的高度重视以及社会大众的广泛关注。"生态文明教育是推进生态文明建设的关键抓手和重要举措，决定着生态文明建设的进程与质量。"[1]加强大学生生态文明教育的研究，势必成为思想政治教育理论探讨的前沿性问题。大学生生态文明教育应该坚持问题导向，立足我国正在推进的生态文明建设时代背景，从加强和改进高校思想政治教育的角度出发，厘清大学生生态文明教育的基本内涵，挖掘其理论基础，探索其国外借鉴，结合大学生生态文明素养的实际现状，深入思考大学生生态文明教育的目标审视、内容建构、方法创设和途径拓展，通过理论结合实际的研究，为高校开展生态文明教育提供理论支撑和实践方案。

（一）对于推进生态文明建设的战略意义

"经济建设、政治建设、文化建设、社会建设、生态文明建设"五位一体的总体布局框架，这一战略构想不仅深刻体现了我国现代化建设的全面性与协调性，更将生态文明建设提升至前所未有的高度，视其为关乎国民福祉与民族可持续发展的关键性举措。关于"大力推进生态文明建设"的论述，强调了生态文明建设不仅是国家发展的长远规划，更是直接关联到人民生活质量提升与民族未来命运的重要命题。在这一背景下，加强生态文明理念的宣传教育与普及，旨在唤醒并强化全民的节约、环保与生态意识，从而促使社会形成崇尚绿色、低碳、循环的消费风尚，营造出一个全社会共同爱护生态环境的良好氛围。

① 谢超 . 找准大学生生态文明教育着力点 [J]. 陕西教育（高教），2024（6）：1.

实现这一宏伟目标，诚然离不开经济发展模式的转型升级、科技创新的强力驱动及政策制度的科学设计与有效执行。然而，更为根本的是要触及并改变全体公民，尤其是年青一代的思想观念与行为模式，促使他们内化为生态文明的坚定信仰者与实践者。这一过程中，教育扮演着不可替代的角色，它是塑造公民生态素质、培育生态文明观念的重要途径。

对于高校而言，作为培养国家未来建设者与接班人的摇篮，加强大学生生态文明教育已成为新时代下高校思想政治教育工作的新使命与新要求。这不仅是对党的积极响应与贯彻落实，更是推动生态文明建设深入人心的关键一环。鉴于生态文明建设的复杂性与长期性，它呼唤着全社会的广泛参与和共同努力，要求将生态文明的理念深植于每一个公民的内心，使之成为指导人们日常行为的自觉准则。

大学生群体，以其较高的知识素养、强烈的社会责任感及未来的引领地位，在生态文明建设中扮演着举足轻重的角色。他们的积极参与，不仅能够为生态文明建设注入新鲜血液与强大动力，更是确保"五位一体"总体布局战略目标顺利实现的坚实基石。因此，高校思想政治教育工作者须深刻理解并把握这一时代要求，将生态文明教育有机融入教学全过程，通过多样化的教育手段与方法，激发大学生的生态意识，培养他们的环保责任感与行动力，为构建美丽中国、实现中华民族永续发展贡献青春力量。

（二）对于促进思想政治教育学科发展的理论意义

自1984年思想政治教育学科正式确立以来，历经多年的精耕细作，该学科已蔚然成林，成果斐然。作为一门深度融合意识形态色彩的新兴社会科学，它不仅映射了时代的脉动，更在持续的社会变迁与政治需求演进中展现出强大的适应性与创新性。特别是近年来，随着心理健康教育重要性的凸显及网络德育的兴起，思想政治教育学科不断突破传统边界，展现出对传统教育模式的超越与重塑。

在生态文明建设成为国家发展战略的新时代背景下，生态文明的概念界定及其宣传教育策略成为思想政治教育学科亟待深入研究的崭新课题。生态文明，作为人类社会与自然和谐共生的新型文明形态，其本质在于促进经济、社会、环境的协调发展，实现可持续发展目标。因此，如何科学、系统地开展生态文明的宣传教育，不仅关乎民众生态意识的觉醒，更直接影响到生态文明建设实践的推进效果。

学术界围绕这一主题展开了广泛而深入的探讨，涌现出生态德育、生态素质教育、生态教育、生态文明教育等多重视角和提法。这些概念虽各有侧重，但均旨在通过教育手段提升个体的生态素养与环保意识，促进生态文明价值观的形成与传播。然而，由于研究视角的多样性与研究阶段的初期性，目前学界在相关概念的界定、价值取向的明确及实施路径的规划上尚未形成广泛共识。

加强"大学生生态文明教育"的研究，正是基于这样的现实需求与理论空白，旨在通过系统性、前瞻性的探索，明确生态文明教育的核心要义，廓清其与生态德育、生态素质教育、环境教育及传统思想政治教育之间的内在联系和差异，进而为构建科学合理的生态文明教育体系提供理论依据与实践指导。这一过程不仅有助于丰富和发展思想政治教育学科的理论体系，更能够为其在生态文明建设中的实践应用开辟新路径，为实现人与自然和谐共生的美好愿景贡献智慧和力量。

（三）对于提升高校人才生态意识培养的现实意义

自20世纪70年代以来，我国环境保护教育领域虽已启航，然其生态文明宣传教育的整体格局仍显碎片化与零散化，尚未构建起系统化、协同化的工作体系，教育成效因而未能充分彰显。鉴于大学生群体作为推动中国特色社会主义现代化建设的关键力量，其生态意识的深度与广度对于国家生态文明建设蓝图的实现及人的全面发展战略具有不可估量的价值。

当前，大学生生态文明教育面临多重挑战，不仅制约了大学生生态文明素养的全面提升，也影响了我国生态文明建设进程的加速推进。

因此，深化"大学生生态文明教育"的研究显得尤为迫切与重要。通过系统性地剖析大学生生态文明素养现状及其背后的成因，能够精准定位教育瓶颈，进而探索并优化教育策略与路径。这包括但不限于构建全面的生态文明课程体系，强化理论与实践相结合的教学模式；提升师资队伍的专业素养与创新能力，打造高质量教育平台；加强校园生态环境建设，营造浓厚的绿色文化氛围；创新生态环保活动形式，增强学生参与度与实效性。通过这些综合措施，旨在培养出具备良好生态文明素养、能够积极投身生态文明建设的高素质人才，为我国社会主义生态文明建设的持续深入贡献青春力量。

第三节　大学生生态文明教育的合理性

在新时代的生态文明建设征程中，将大学生生态文明教育置于核心地位，是构筑绿色未来、促进可持续发展的战略抉择，其重要性与深远意义不容忽视。大学生群体，作为社会进步的中坚力量与未来希望的承载者，他们拥有开阔的视野、丰富的知识储备及强烈的责任感，是推动生态文明理念深入人心、转化为实际行动的关键群体。他们的生态文明素养，不仅是个人综合素质的重要组成部分，更是衡量社会整体生态文明水平的重要标尺，直接关联着国家生态文明建设的进程与成效。

强化大学生生态文明教育，是响应时代召唤、顺应历史潮流的必然之举。在全球气候变化、环境污染与资源枯竭等全球性挑战日益严峻的当下，生态文明教育成为提升公众环境意识、激发社会参与热情、促进绿色转型的重要途径。大学生作为知识传播与创新的前沿阵地，其生态文明教育的扎实开展，不仅能够深化他们对生态文明理念的认知与认同，还能够激发他们的创造力与行动力，为生态文明建设贡献智慧和力量。

此外，大学生生态文明教育的深化，也是实现中华民族伟大复兴社会主义生态梦的重要基石。这一梦想的实现，离不开全社会生态文明意识的普遍提升与生态文明行为的广泛实践。大学生作为未来社会的建设者与领导者，其生态文明素养的高低，将直接影响到国家生态文明建设的方向与成效。因此，将大学生生态文明教育置于重要地位，不仅是培养高素质人才的内在要求，更是推动生态文明建设向纵深发展、实现人与自然和谐共生的必由之路。

一、大学生生态文明教育的重要性

加强大学生生态文明教育，对高校思想政治教育内容的丰富、人与自然关系的和谐、大学生生态意识的提高都有着不可替代的作用。

（一）生态文明教育是思想政治教育的重要内容

随着全球化和网络时代的普及，大学生接收的信息错综复杂，这无疑造成个人的想法逐渐不可控。要抓准学生的敏感点和兴奋点，对这个群体展开全面的思想政治教育，才有可能切实地进一步提高大学生的政治思想和观念水平。时代在向前发展，针对这个群体的思想政治教育更应该与时俱进，紧跟时代节奏，面对严峻的生态环境问题，国家和学校都应该做出更迅速和更有效的行动。因而，开展大学生生态文明教育，已成了高校思想政治教育的关键点。

以往的高校思想政治教育重点关注人与人之间的关系、人与社会之间的关系的调节，却对人与自然的关系缺乏关照，将大学生生态文明教育纳入高校思想政治教学体系，不仅能更好地落实培育大学生生态文明意识，同时为思想政治教育工作灌注一股新鲜的血液，从而加快步伐促进生态文明教育的落地。高校是最能培养出高素质人才的场所，对人才的投入是回报率最高的投资，因为人才投资带来的收益远远大于投资成本。开展大学生生态文明教育，可以优化内容供给、创新施教方式，不断拓展高校思想政治工作的实践领域，增强其引领力和导向力，提升高校德育工作的实效性。

（二）生态文明教育是构建人与自然和谐关系的重要手段

中国作为屹立于世界东方的社会主义大国，始终将马克思主义作为引领党和国家发展的根本指导思想与行动纲领。回溯至19世纪，马克思与恩格斯便以深邃的洞察力，预见性地揭示了大规模工业化进程对自然环境的侵蚀与污染问题，进而倡导了人与自然和谐共生的核心理念。这一远见卓识，为现代社会处理经济发展与环境保护之间的微妙平衡提供了理论基石，强调二者关系的妥善处理是实现社会可持续发展的先决条件。

在此背景下，社会整体成员，尤其是作为时代先锋与未来栋梁的大学生群体，其生态文明素养的培育与提升，对于国家推进低碳转型、构建生态文明社会的战略目标而言，具有不可估量的价值。大学生，作为推动中国经济社会高质量发展的生力军与希望所在，其生态文明意识的觉醒与行为实践的积极导向，是加速国家绿色转型进程的关键力量。

因此，将生态文明教育深度融入高等教育体系，通过策划实施一系列富有创意与实效的绿色环保校园文化活动，以及在日常教学与生活中持续渗透生态文明思想，成为提升大学生生态文明素质的重要途径。这一过程不仅旨在知识传授，更在于情感共鸣与价值观塑造，旨在引导大学生深刻理解人与自然和谐共生的哲学内涵，激发其作为生态文明建设主动参与者与积极贡献者的责任感和使命感。通过潜移默化的影响，促使大学生群体自觉成为生态文明理念的传播者、生态文明实践的示范者，进而为中国的绿色低碳发展道路铺设坚实的基石，共同绘制人与自然和谐共生的美好图景。

（三）生态文明教育是大学生增强生态意识的重要途径

意识是人脑的基本机制，是物质世界的主体映像，物质决定意识。在现阶段，人们享受着工业文明带来的巨大红利，同时也必须承担工业化时期破坏生态环境的恶果。大学生生态文明意识的增强，可以带动全社会人才的全面发展，对社会各方面发展也起到积极影响。

生态文明教育是一门当下每个大学生都必须学习的课程，通过学习生态文明思想，转变大学生的思想观念和实践行动，唤醒其对大自然的喜爱之情。大学生生态文明教育不能仅局限于理论知识教育，而是要将理论应用于实践。只有通过这种有科学教育目标的方式，才能使大学生更加深入理解最为本质的含义和意义，从而实施正确的行动举措，进而实现生态文明意识的提高。

二、大学生生态文明教育的必要性

在国家层面，开展大学生生态文明教育，是建设两型社会和推进"五位一体"总体布局的必然要求；就大学生个人而言，接受生态文明教育，是他们成长为生态人才的必经途径。

（一）生态文明教育是时代发展的必然需求

20世纪90年代，人类开始反省在人与自然关系中对大自然的损害，并思考两者该以何种方式共生。生态文明是承接第二次浪潮文明的新型形态，它以特有的方法向世界展现人和自然之间的逻辑关联，唯有关爱自然、对自然存有敬畏之心，方能真正实现人与自然的和谐。大学生生态文明素养的好坏关系着国家生态文明事业的成效，而人是最具有生命力的社会发展要素，所以生态文明建设要从人的因素出发，在实际进程中转换生产形式和发展模式。建设生态文明，对于社会成员来说，是要提倡健康环保的生态生活方式；对于高校学生来说，是要拔高大学生群体的生态文明水平。这既是时代给予高校的使命，也是社会对高校的期待，高质量的经济增长和优美的生活空间是社会进步的两大法宝。社会往前迈进的每一步都要有具备良好生态文明素质的能人来促成，同样，优秀生态人才的培育，也回应了时代和社会的殷切期盼。

（二）生态文明教育是推进"五位一体"总体布局的必然要求

为了推进"五位一体"工作全局，必须从理论上对其进行升华，党的十九大对新时代"五位一体"工作明确提出了又一全新的方针和方向，其中强调保持人与自然和平共处的状态，保持自然的安宁、和睦、美好。作为实现社会主义现代化的重要战略步骤，深入推进生态文明建设对总体推进"五位一体"战略布局意义重大，影响深远。

具体而言，我国生态文明的发展是全方位的，需要全方位、多部门、众人才的参与，作为社会主义建设的大部队，大学生是首当其冲的先行者和示范者。为了生态文明建设的蓬勃发展，必须全面深入开展生态文明教育，以科学的思想理论指导整个社会选择绿色的生态生产生活方式。大学生是决定中国能否蓬勃发展的因素之一，他们的生态价值观是至关重要的，唯有对其进行生态文明教育，把大学生塑造培养成具有较高综合素养的生态精英，从而推进建设更优质的社会主义工程。

（三）生态文明教育是大学生实现全面发展的必经之路

对于高等教育而言，人的全面发展的使命是推动人在全方位和宽领域成长进步，培养生态文明教育的宣传员和实践员。大学生是一个有朝气、有能力的社会群体，大学生个体道德品质的培养关系到社会主义建设的速度和进程。生态文明教育的关键点，在于帮助他们准确认识人与自然二者之间的关系问题，尤其是了解自然是先于人类而存在的，了解人是依靠其而存活的，使他们意识到，要想我国事业工程得到进一步发展，国家经济进一步实现转型，先决条件是顺应自然界的规则，做事要遵循大自然的法则。通过对大学生实施生态文明教育，让其清楚地了解到大自然对人类而言是不可或缺的，懂得人类现在所得到的物质财富都是大自然的恩赐，从内心深处敬畏自然。

第二章　大学生生态文明教育的科学内涵

深入探究并明确大学生生态文明教育的科学内涵，不仅是对当前严峻环境危机的积极回应与迫切需求，更是高等教育体系主动适应时代变革、实现自我革新与优化的关键一环。通过构建科学系统的生态文明教育体系，不仅能够增强大学生的环保意识与责任感，提升其解决复杂环境问题的能力，还能为培养具有国际视野、创新精神和绿色发展理念的复合型人才奠定坚实基础，进而为推动全球生态文明建设、实现人与自然和谐共生的美好愿景贡献青春力量。

第一节　大学生生态文明教育的理论之源

一、大学生生态文明教育的思想溯源

生态文明教育是我国当前一项重要的任务，是建设新时代中国特色社会主义提出的要求。而生态文明并不是一个新的课题，中国古代和其他国家都有学者提出关于生态文明的思想理论，这些理论为我国的生态文明教育提供了丰富的思想基础。

（一）中国古代的生态智慧

"读史可以明智，早在几千年前，道家、儒家与佛家就针对生态环境内容进行了分析，并形成了多种理论，这对于当代生态文明建设具有重要的指导作用，值得关注。"①从一定意义上说，儒家和道家的生态文明观是建设生态文明的重要思想来源之一。

---

① 左雯雯，汤子为 . 中国古代生态智慧对当代生态文明建设的启示 [J]. 西部学刊，2021（7）：96.

1. 中国古代生态思想的哲学基础

现代环境伦理学的一个重要课题就是对人与自然关系的探讨，这也是中国传统哲学的一个根本问题，也就是所谓"天人之际"问题。中国传统伦理的环境和谐观就是建立在天人关系，即人与自然关系的认识基础之上的。

我国大部分古代思想家在看待天人关系的问题上，都持人是天地自然所生的观点，"天"与"人"之间的关系体现为既区别又统一。《孟子·万章下》中提到：天之生斯民也矣。实际上这肯定了人为天生的观点。《礼记·郊特牲》对此也有论述：天地合，而后万物兴焉。孔子也是这种思想观点的拥护者，他认为人的生死富贵全在于天命，他认为是天命决定了人命。需要注意的是，从整体上说孔子虽然承认天命，但他认为天并不可以直接命令人类的行为。子曰：予欲无言。子贡曰：子如不言，则小人何述焉？子曰：天何言哉？四时行焉，百物生焉，天何言哉？由此可以看出，孔子认为虽然天是世间最高的主宰，但是它并不会向人们直接展示自己的真正意志，它的意志需要人们通过自己的观察和行为进行体会与理解。孟子在之后继承并发展了这一思想，形成了"知性则知天"，也就是说，人性是由天决定的，天与性是相通的。

后人总结了孔子和孟子关于天人关系的思想，经过发展使其形成了"天人合一"说，这也成为儒家思想继续发展的哲学依据，对于儒家的环境伦理观来说更是具有重要意义。必须强调的是，"天人合一"要以天人有所区别作为基础前提，也就是说，"天人合一"是一种辩证思想。

荀子对天人关系有自己的理解，他反对天人感应说，他认为"天人合一"的思想并不正确。荀子提出：明于天人之分，则可谓至人矣。"至人"是最高的人格，最高的人格是懂得天人之分的。荀子还提出天行有常，不为尧存，不为桀亡的命题，可以看出，荀子认为自然界存在自身的客观必然规律，并且这与人类社会的旦夕祸福之间没有某种必然联系的存在。他提出：天有其时，地有其财，人有其治。天的职责就是掌管昼夜和四季变化，人不可以也不可能对这种规律进行人为干预；人的职责则是提高自身修养，修身治国。人存在于世间，并不可以单纯地依赖于"天"生存，也不可以人为地干扰"天"的职责，不可以以自身的意志造成客观规律的转移，同时，人也具有自身特有的主观能动作用，生存在这个世界上就应该切实完成自己的任务。

道家哲学是以自然主义为取向的。"道"是道家哲学的本体论和价值论范畴的核心概念。"道"的范畴十分广泛,对人际关系和生态关系这两个领域都有所涉及。道家思想的一个重点就是万物皆源自"道"。也就是所谓的道生一,一生二,二生三,三生万物。实际上,"道"生万物是一个自身内在矛盾发生作用而出现的自然发展过程。庄子继承并发展了老子的天人定义,他明确了二者的范畴。《庄子·秋水》中提出:牛马四足,是谓天;落(络)马首,穿牛鼻,是谓人。庄子认为,"天"即天地万物本身存在的性质或者是其本然状态;"人"即人抱有某些目的、具备一定计划的活动或行为。可以看出,道家关于"天""人"的观点与儒家学者把"天"看成是所述现象的规律,把"人"看成是社会生活现象的观点是不同的。

按照道家思想,自然是一个整体,而人则是这个整体中的一部分。《老子》第二十五章中提到:有物混成,先天地生。寂兮寥兮,独立而不改,周行而不殆,可以为天下母……人法地,地法天,天法道,道法自然。该思想是道家哲学包括其环境伦理观的总纲,同时也是整体道家价值观念的核心。老子所说的"天"是指自然之天,而他关于"天""地""万物"的描述实际上都是对"自然界"的描述,其中他所说的"天道"即天地万物的运行规律,而正是因为道的自然本性发挥作用,天地万物才会遵循自身的自然本性而存在和发展。老子提出了"四大"说,即"道大,天大,地大,人亦大"。按照道家的观点,人也属于宇宙一大,和天地一样都是宇宙一大,人是处于物之上的存在。但是对于"道、天、法、地、人"的梯级结构来说,人处于该阶梯的最底层。

由此可以看出道家与儒家之间的显著差别,道家并不像儒家那样强调人的价值和能动性。道家有一个重要思想,即"法天贵真",这是说宇宙的第一原理只有自然,人相较于宇宙十分渺小,并没有可比性。庄子提出:吾在天地之间,犹小石小木之在大山也,方存乎见少,又奚以自多,计四海之在天地之间也,不以礨空之在大泽乎?计中国之在海内,不似稊米之在大仓乎?号物之数谓之万,人处一焉。人卒九州,谷食之所在,舟车之所通,人处一焉,此其比万物也,不似毫末之在于马体乎?汝身非汝有也,孰有之哉?曰:是天地之委形也;生非汝有,天地之委和也;性命非汝有,是天地之委顺也;孙子非汝有,是天地之委蜕也。可以看出,庄子认为身体和生命都不是人所有,也不是人可以主宰的,人是一无所有的,而身体、人只是天地间偶然形成的附属物。在《庄子》的《外篇》

《杂篇》中有很多关于这一观点的论述。需要注意的是，道家并不是完全否认人的存在，否认人与自然环境的联系，只是认为人与宇宙相比极为渺小，崇尚人的自然状态。由此看出，道家这种思想与儒家强调人的能动性、推崇人化自然的思想有很大差别。

2. 中国古代生态思想的基本内容

中国古代的儒家和道家先哲在一定程度上理解了人与自然的关系，知道了保护、开发和使用自然资源的重要性，他们针对当时的社会条件和环境条件，提出和总结了当时面临的环境问题，并在此基础上提出了不同的保护措施，形成了自己的环境和谐观的丰富内容。

（1）中国古代关于山林资源的生态思想。我国在很早以前就已经制定了相应的制度用来保护和管理山林。周王朝时期的山林制度较为发达，中央设有天官冢宰和地官大司徒，在这些机构中专门有负责山林管理和保护的官吏，如"山虞""林衡"等。此外，还有森林保护的政策和法令，在《伐崇令》中明确规定：毋伐树，有不如令者，死无赦。在相关机关部门的管理下，周王朝的森林保护效果很好。以此为基础，先秦思想家提出了保护山林的主张。

儒家认为保护山林资源实际上就是保护山林资源的持续存在和永续利用。孟子发现破坏山林资源可能给自然带来严重的不良生态后果，针对这一现象孟子提出了物养互相长消的法则。儒家还发现对于鸟兽栖息来说，保护山林树木具有巨大价值，为了给自然界中的鸟兽提供良好的生存条件，就必须保证山林茂密、树木成荫，也就是所谓的"山树茂而禽兽归之""树成荫而众鸟息焉"；如果不能做到这一点，那么就会导致"山林险则鸟兽去之"。按照儒家先哲对山林鸟兽的生态认识逐渐形成了一个认识，即"养长时，则六畜育；杀生时，则草木殖"。同时，儒家还强调树木净化环境、补充自身营养的作用，并以此为基础提出了"树落粪本"的思想。虽然山林鸟兽之间的自然关系十分重要，但儒家更重视的是山林对人类的价值，孟子提出：斧斤以时入山林，材木不可胜用也。基于这种思想，儒家十分重视对山林的保护和合理利用，儒家先哲认为人们应该多识草木之名，还提出了"斧斤以时入山林"的山林保护对策，而这一切思想和实践都是为了实现林木的持续存在与永续利用。

山林资源具有重要意义，儒家认同一项十分重要且有效的措施，即严格遵循林木的季节演替规律。儒家认为利用山林资源应该"斩材有期日"，也就是不可以在林木发芽、生长的阶段进行采伐。荀子针对这一点提出了"山林泽梁，以时禁发而不税"。"以时禁"是指春季和夏季不可以进行林木砍伐，只有这样，才能保证林木的顺利成长。正因为如此，荀子明确提出：草木荣华滋硕之时，则斧斤不入山林，不夭其生，不绝其长也……春耕、夏耘、秋收、冬藏，四者不失时，故五谷不绝，而百姓有余食也；污池渊沼川泽，谨其时禁，故鱼鳖优多，而百姓有余用也。斩伐养长不失其时，故山林不童，而百姓有余材也。秋季和冬季林木处于生长停滞期，在这个时期才可以开展采伐活动，"草木零落，然后入山林"就是指在秋冬季节进行林木采伐活动。儒家一直强调斧斤以时入山林……林麓川泽以时入而不禁。

此外，儒家重视对政治制度的运用，强调政治制度在山林资源保护和管理中的重要作用，强调"虞"这一林木管理机构的重要作用，尤其应该在"季春""季夏""仲冬"这三个阶段发挥工作人员的管理作用。此外，儒家还很重视对经济手段的应用，严禁在树木还未完全长成时进行砍伐，以此保护和管理山林资源，也就是"木不中伐，不鬻于市"。

可以看出，儒家在生态学、环境管理和环境经济三个方面都提出了相应的保护山林资源的措施，而其中作为基础和核心的就是生态学，环境管理和环境经济都需要严格遵循"时"的规律展开。

道家也十分重视对生态平衡的保护。老子曾提出：夫物芸芸，各复归于其根，归根曰静，静同复命。复命曰常，知常曰明。不知常，妄作，凶。宇宙万物都有各自的客观规律，人们可以通过外力改变这些规律，但是如果这样做就会破坏自然平衡，进而造成"云气不待族而雨，草木不待黄而落，日月之光益以荒"的灾难性后果，严重时还会引起生态危机。庄子曾提出：道者万物之所由也，庶物失之者死，得之者生；为事，逆之则败，顺之则成。故道之所在，圣人尊之。只有遵循自然规律才可以达到顺畅通达的结果，违背自然规律只会使自身得不到想要的结果。这种思想与现代环境伦理学的观点可说是异曲同工，不谋而合。

（2）中国古代关于动物资源的生态思想。早在夏商周时期，我国就已经有一些关于动物资源保护的禁令，这些禁令具有一定的法律意义。夏朝对动物资源保护提出了"夏三月，川泽不入网罟，以成鱼鳖之长"的规定。在我国周朝，对于动物资源的保护有了进一步发展。在《逸周书·文传解》中有明确记载：川泽非时不入网罟，以成鱼鳖之长，不麛不卵，以成鸟兽之长。《伐崇令》中对于动物资源保护的规定更为严格：毋动六畜。有不如令者，死无赦。这些规定可以在很大程度上约束人们的行为，促进动物资源的保护。以此为基础，儒家也对动物资源的保护提出了自己的看法，例如儒家主张"钓而不纲、弋不射宿"，对于我国古代的动物资源保护来说该思想具有重要意义。

按照儒家的观点，人类保护动物资源的出发点和落脚点是保护动物资源的持续存在与永续利用。动物资源对人具有"养"的价值，儒家一直强调动物的持续存在和延续发展，保证动物可以保持在一定数量上，只有数量得到保证，才可以使人们永续地利用动物资源。从生态学的角度进行分析，必须在严格遵循动物的季节演替节律的基础上进行资源利用，坚决反对在生育、哺乳的阶段捕捞宰杀动物资源。儒家强调要同样重视生态学、环境管理和环境经济这三个方面，采取有效的措施保护动物资源，而最关键的就在于严格遵循自然规律保护和利用动物资源。

儒家认为保护动物资源并不仅仅是为了生态环境，其具有更深层次的伦理道德意义，保护动物资源可以在一定程度上对人们进行道德教化。《荀子·礼论》中提出了"杀大蚤，非礼也"的价值准则。也就是说，没有按照"时"的规律利用动物资源的行为是不符合"礼"的。"礼"约束的不仅是人与人之间的关系，还可以规定人与天、人与地等外界自然物的关系，将"礼"置于动物关系中进行分析和运用，可以更全面地解释和实现"礼"。儒家将动物资源保护纳入伦理道德范畴，从其将"杀大蚤"置于伦理道德范畴进行衡量就可以看出，而这也为动物资源保护添上新的色彩。

庄子在继承了老子"物我一体"思想的基础上作出了进一步发展，形成了"天地与我并生，而万物与我为一"的思想。庄子通过自己的体验悟道得出，天地万物是一个有机整体，而人类只不过是自然的一个组成部分，人不可能完全独立于自然界之外而存在，也就是庄子提出的"天地一指也""道通为一""唯达者知通为一"。按照庄子的观点，至德之世实际上是指人与自然和谐相处的时期，这一时期的人类与自然处于最和谐的状态，自然万物和谐共处，鸟兽草木各得其所。而从庄子的论述中也可以看出，他最向往的就是这样的"至德之世"，他一直反对人们用外力影响自然，从而造成人与自然的和谐关系的破坏。庄子认为，正因为人们创造了弓箭、网罟等捕猎工具，才导致了飞鸟的不幸；因为人们创造了钓饵、渔网、竹篓等捕鱼工具，才对游鱼造成了伤害；因为人们创造了木栅、兽槛、兔网等捕猎工具，才导致野兽遭殃，这扰乱了自然生态环境，人类的行为直接影响了自然万物的自然生存和发展，破坏了和谐的自然关系，使自然万物被迫丧失了本性。庄子强调，人们应该怀抱宇宙，要与自然万物和谐共处，形成有机整体。实际上，庄子的自然生态观是希望人类在谦卑的心态驱使下树立起尊重自然、建立起与其他生物和谐共处的意识，从而从客观上促进动物资源的保护。此外，道家还强调用自然的方式对待自然。对于猪来说，应该喂它酒糟米糠，将其养在圈里；对于鸟来说，应该让它们自由自在地在蓝天飞翔；对于鱼来说，应该让它们在江河中自谋生存。总之，应该将"缘督以为经"作为原则，顺其自然地开发利用自然资源。只有做到如此，才可以通过保护自然资源实现对人类自己的生命的保护，才可以保全人类自己的天性。

（3）中国古代关于水资源的生态思想。我国在很早就强调对水资源的保护，西周颁发了《战崇令》，其中明确规定"毋填井""有不如令者，死无赦"。以此为基础，先秦思想家也提出了关于水资源保护的思想和主张。

儒家一直强调水资源的重要性，认为人类生存离不开水，而这也是人类必须保护水资源的重要原因之一。《易经》六十四卦一般不会取具体实物为象，但是却将"井"和"鼎"作为其实物卦。其中，"鼎"卦是以鼎的形象引申为卦象，强调的是对饮食和祭祀的重视；"井"卦则是以井的形象引申为卦象，强调的则是人们对水资源的重视。井从一定意义上来说就代表水资源，它的一个重要功能就是养人，它是人类生命存在的重要条件。一国应该遵循"井养而不穷也"的道理，实行劳民劝相的政策，人们应该相互帮助，合理利用和保护水资源，只有这样才可以保证水资源的永续利用。

人类保护水资源的一项重要措施就是遵从生态季节节律、合理利用水资源设施。虽然水资源是"不穷"的，但是不同的季节对水资源的需求量都不尽相同。在春季，万物生长都需要水资源的滋润，但是这个季节的降雨却比较少，因此在春季不应该竭取流水，要重视蓄水。此外，按照儒家观点，人们的生活用水也应该遵循时间的客观规律，做到"食之以时，用之以礼，财不可胜用也"。只有保证按"时"利用水资源，才可以保证社会的和睦与稳定，也就是所谓的"无旷土，无游民，食节事时，民咸安其居，乐事劝功。尊君亲上，然后兴学"，从这一描述中就可以看出包括水在内的自然资源在社会中的重要地位。同时，儒家还强调人们应该善于利用和维护各种水资源设施，不要造成"井泥不食，旧井无禽"的情况发生。对于人们取水的重要工具——井来说，应该做到经常淘井，定期修护和加固井壁，不可以恶意破坏井。从中可以看出儒家保护水资源的思想具有很实际的人本学意义。

儒家对于水资源有两个具体的主张。第一个主张为"往来井井"。这是说井是一种公用设施，所有的人都可以使用井来取水，作为公共设施，井是不可以被一个或者几个人所独霸的。因此，当井汲上水后，"井收勿幕，有孚无吉"，这是指井不可以封死，这样才可以使人们更好地取水，在此基础上人们才可以和睦相处、共同发展。第二个主张是"涣其群"。水资源是原本就存在于自然界中的，而并不属于某个个体，是人类所共有共享的，"涣"的卦象是水下风上，有风在水上吹过、水流动之象，"涣其群，元吉。涣有丘，匪夷所思"。也就是说，只有保证人们共享水资源，才可以促进人与人、人与水之间形成和谐的关系，才可以形成吉兆；由于很多人共享水资源，就很可能使曾经的小群体逐渐扩展为更大的群体，这种现象属于超常的事情，但不可否认这是切实可行的。实际上，儒家一直提倡共享资源，这是其一个重要的价值取向。儒家反对人们相互之间掠夺各种资源，禁止人们为了争夺资源而混战、格斗的事情发生，如果出现这种情况应该将涉及案件的人员绳之以法，通过法律手段维护资源的共享性。

按照儒家的观点，促进人们正确地看待和处理水资源保护的问题也具有一定伦理道德意义，这样可以对人们产生道德教化的作用。《论语·雍也》中提出了"知者乐水"的价值原则。其中，"知"是"智"的意思，也就是明白事理、聪明的意思。孔子在回答"樊迟问知"时说：务民之义，敬鬼神而远之，可谓知矣。也就是说，"知"就是指致力于义。"夫水者，缘理而行，不遗小闻，似有智者。动而下之，似有礼者。蹈深不疑，似有勇者。障防而清，似知命者。历险致远，卒成不毁，似有德者。天地以成，万物以生，国家以宁；万物以平，品物以正。此智者所以乐于水也。"水可以教给人们很多为人处世的方法和道理，并且水还具有成天地、生万物、宁国家的生态功能，基于此，孔子认为"水"应该归于"义"的范畴中。儒家并不是单独地将生态道德作为生态自然领域的问题来看待，而是认为生态道德是道德的一部分内容，它是整个道德体系中的一个重要部分。

道家也十分重视水资源的保护，道家强调水资源对人类生存的重要作用和意义，同时意识到水资源具有"大美而不言"的重要意义，这是指水可以激发人们热爱自然进而热爱生活的重大意义。庄子对水资源的描述中提到过，秋水时至，百川灌河。径流之大，两涘渚崖之间，不辨牛马。于是焉，河伯欣然自喜，以天下之美为尽在己。顺流而东行，至于北海，东面而视，不见水端。于是焉，河伯始旋其面目，望洋向若而叹。在《庄子·秋水》中，描绘出"千里之远，不足以举其大；千仞之高，不足以极其深"的画面，通过叙述海若对河神的谈话，促使人们进行思考，使他们超越自身的局限，从而认识自然的永恒和无限。道家一直认为自然是宏大的、善美的，人们想扩展心胸、拓宽视野，就应该效法自然拥有的美好品格，以此为基础实现自身人生的美好、幸福。道家向来赞赏自然之美，企图在大自然中寻求安慰和精神寄托，实现人与自然之间在心灵和情感层面的沟通，促使人们可以从中获得"天乐"。

（4）中国古代关于土地资源的生态思想。对于中国来说，土地问题一直是一个非常重要的问题。只有保证土地这一前提，才可以发展农业，因此，保护土地资源就是保护人类生存的基础。在我国夏商周三代，在不断实践和探索中逐渐形成了一系列保护土地资源的重要措施，我国古代传说中存在"谨修地利"的说法，这也是一种保护土地资源的规定；时间推进到周代，我国已经基本上形成了一套较为严格的土地管理制度，还专门设立了各种土地管理机构，如"大司徒""司书""职方氏""掌同"等。在此基础之上，我国的古代先哲提出了很多关于保护土地资源的思想和主张。

按照儒家的观点，人类保护土地资源的出发点是维持土地的使用价值，从而实现土地资源的永续利用。儒家认识到土地具有重要的生态功能和资源价值。

第一，土地最重要的品格即为"生"。世间万物都生于土地，而又复归于土地，土地是万物的原点。《易传·坤·象传》中提出：至哉坤元，万物资生，以顺承天。

第二，土地的另一个重要品格是"载"。这是指世间万物都于土地之上而存在，世间万物都无法离开土地，土地可以包容一切事物，也就是"坤以藏之"。《易传·坤·象传》中提到：坤厚载物，德合无疆。

第三，土地最基本的属性是"养"。世界上一切事物都要从土地中获得自己存在的条件，土地可以为世间万物提供维持其生存所必需的营养，"取财于地"。《易传·说卦传》中指出：坤也者，地也，万物皆致养焉，故曰，致役乎坤。从以上描述可以看出，儒家描绘了一幅土地生、藏、养万物的生态画面，土地"深相之而得甘泉焉，树之而五谷蕃焉，草木殖焉，禽兽育焉，生则立焉，死则入焉"。同时，儒家也意识到不好的土地条件会对生物的存在产生不良影响。《礼记·乐记》中就提出了"土敝则草木不长"的观点。因此，儒家提出了"教民美报"的要求，以此要求人们自觉主动地保护土地资源。

按照儒家的观点，保护土地资源的一个基本措施就是严格遵从生态学的季节节律。天按"时"运行，而地顺天，因此，地也应该遵循"时"的客观规律来进行保护。

第一，在夏季和冬季不可以利用土地资源，因为农作物在夏季正处于生长阶段，这个阶段利用土地资源会对农作物的生长造成损害；而冬季则是土地休闲的时期，在冬季使用土地资源会影响土地自身的功能，会破坏其可持续利用的价值。由此可以看出，儒家一直强调要"因时制宜"。

第二，儒家是将生态学和民本主义社会历史观作为基础，从而提倡自身的土地资源保护思想的。儒家先哲意识到，如果没有按照时间的客观规律使用土地就会造成"地气上泄"，从而导致"诸蛰则死"，也就是说这会直接影响自然界的生态平衡，对自然万物造成伤害；进一步地还可能导致百姓遭受流亡、疾疫等痛处，民不聊生。可以看出，破坏客观自然规律不仅会影响自然环境，还会直接影响社会的安全与稳定。

第三，儒家强调运用法律手段实现土地资源的有效保护。孟子提出：善战者服上刑，连诸侯者次之，辟草莱任土地者次之。当然，虽然儒家在一定程度上反对人们开发土地，但这只是在一定条件下，儒家所提倡的是科学合理地开发土地资源。

第四，儒家主张"耕者有田""地有余而民不足，君子耻之"。由此可以看出，一方面，儒家反对无度地开发土地；另一方面，儒家反对对土地荒废不进行治理，这二者并不是对立关系，实际上其中心思想都是在保护土地的基础上科学合理地利用土地资源。儒家始终强调，开发土地一定要以"仁"作为统帅，只有这样才可能给百姓带来富足的生活，在开发土地的过程中一定要严格遵循一定的社会行为规范，即"不行仁政而富之，皆弃于孔子者也"。实际上，通过这一主张，可以有效地从客观层面帮助人们科学有效地保护和管理土地资源，也可以看出儒家对法律手段的运用。

第五，儒家强调保护土地资源的道德教化的作用，认为保护土地资源可以提高人们的内在道德修养。儒家土地资源保护的观点以土地包容万物的特点为出发点，要求人们应该拥有宽广的胸怀，要善于兼容并蓄，"坤厚载物，德合无疆，含弘光大，品物咸亨"。君子应该具有爱人、爱物的高尚品质，也就是需要"地势坤，君子以厚德载物"。"厚德载物"是我国传统伦理文化和道德修养中的两个基本命题之一，自古至今都是要求人才应该具有的一项品质。

道家也强调保护土地资源，意识到土地孕育自然万物的特性。老子提出宇宙中有"四大"的观点，"四大"即"道大，天大，地大，人亦大"。其中，人类的生存和发展必须依凭大地，因此，人们将大地作为其生存于世的法则，人们在生存发展的过程中效法大地，即遵循"人法地"的原则。大地是伟大的，人们想向大地学习充满困难。人类生存在这个世界上的一切日常所需都需要大地提供。在人们生存于世时，土地承载一切毫无怨言，并且还生生不息地滋长万物，承载着万物的一切罪过。大地的这种优秀品质需要人们效仿和学习，大公无私、无所不包的伟大精神值得学习。按照老子的观点，人类是天地自然的一部分，人类应该法地则天。然而，"人法地，地法天，天法道，道法自然"，因此，人法地则天也就是效法自然，人们应该将自然作为自己效法的对象和行为的法则。人们在世间生存和发展，必须遵循自然的法则采取相应的行动，只有这样才可以实现人与自然的和谐共处和发展。

（二）西方生态伦理学思想

西方生态伦理学相关理论给我国的特色生态文明思想教育提供了丰富的营养，这些理论对人与自然之间的关系进行了深层次思考，可以对中国特色生态文明思想教育产生直接影响。

1. 爱默生关于生态伦理的思想

爱默生的关注重点并不是人与自然环境之间的关系如何，而是人与社会之间存在的各种矛盾和冲突。这些矛盾和冲突主要表现在以下方面：

（1）新教衰退和世俗化兴起。随着历史的车轮滚滚向前，人类社会经历了一场深刻的转型，从根植于新教伦理的虔诚社群逐步迈向了一个物质主义占据主导地位的商业社会。这一过程中，社会价值观经历了显著的嬗变，由原先的神圣中心主义转向了物质中心主义，反映了民众对权力与财富渴望的日益增强。17世纪以后，新英格兰地区曾长期依赖教会与教义构建社会秩序和道德框架，但政教分离的浪潮及随后工业化和商业化的迅猛推进，加速了形式宗教影响力的衰退，标志着社会结构与文化心理的重大变迁。

在美国的发展历程中，经济活动逐步成为推动社会进步的核心引擎，伴随着这一过程，物质主义价值观悄然兴起。爱默生在《自然》中的洞见，深刻揭示了工业现代化如何赋予个体前所未有的社会参与感与物质享受，从城市设施到通信服务，再到精神文化的获取，均彰显了技术进步与物质丰盈对社会生活的全面渗透。在这一背景下，人类通过创造物质世界来彰显自我价值的倾向日益明显，某种程度上甚至可与神学中上帝创世之宏大叙事相类比，反映出人类创造力与自我实现需求的巨大飞跃。

然而，随着物质追求的不断加剧，对"物"的崇拜逐渐取代了对"神"的敬畏，物化意识悄然滋生并蔓延。这种转变虽短期内可能激发社会活力与经济增长，但其长远影响却是对人类精神世界的侵蚀与异化。物化意识导致个体倾向于构建并膜拜非自然形成的异己力量，忽视了对内在精神世界的深度探索与修养，正如爱默生所批判的，商业化倾向下的文化形态使"雄心"成为衡量成功的唯一标尺，人们沦为自身欲望的囚徒，亟需一种新的文化视角来重新审视并校正成功的定义。

（2）启蒙理性逐渐发展。随着启蒙理性在美国社会的持续渗透与深化，美国公民对于"自我"价值的界定确实经历了一场深刻的模糊化过程。启蒙文化的蓬勃兴起，不仅促使公众对新教信仰中的超验教义产生了怀疑，更逐步瓦解了这一信仰体系原有的神圣性与权威性。这一转变标志着新教信仰的主体与对象间界限的模糊，以及信仰对象因难以适应快速变迁的美国社会而逐渐丧失其社会合法性的基础。由于缺乏相应的社会制度框架来支撑和阐释新教信仰的当代意义，该信仰体系面临着被边缘化乃至解构的风险，其内在价值与外在表现形式之间的鸿沟日益扩大，难以在公众中引发共鸣与认同。

（3）工业社会的现代性。随着工业社会现代化进程的加速，一种强调重复、模仿、顺从与一致性的伦理观念逐渐成形，其背后映射出对物质无尽追求的资本主义逻辑，致使人文价值的边缘化趋势加剧。在此框架下，资本、市场与利润成为核心关注点，个体往往被简化为生产链条上的功能性单元，其存在意义被单一化为技能或角色的载体，正如爱默生所深刻洞察的，个体在追求物质效率的过程中，逐渐失去了作为"人"的全面性与深度，被技术、金钱等外在力量所驾驭，职业身份超越了个体本质，成为其自我认同的主导。

文化产业及其产出的"肯定的文化"，在资本主义体系中扮演了关键角色，它不仅是资本再生产的文化工具，更是通过不断激发与满足消费欲望，塑造了一种高效、顺从的社会伦理，限制了人们超越现状、构想更美好未来的能力。这种文化形态，无形中使人们沉浸在一种"虚伪的奢侈"之中，即追求表面光鲜而实质空洞的生活方式，忽视了精神世界的丰富与自我实现的可能性。

自然科学与工业技术的飞速进步，进一步加剧了"我"与"非我"（外部环境与技术力量）之间的张力，爱默生在《自然》及《论自然之方法》等作品中，敏锐地指出了个体在现代化浪潮中面临的失控感，即"我"逐渐失去了对"非我"的驾驭能力，反被其左右。这一现象在民族文化层面亦有所体现，如美国文化中普遍存在的对欧洲风格的盲目模仿与怀旧情结，不仅体现在建筑、装饰等物质层面，更深刻地反映在思维方式、价值判断上的依附与贫乏，导致社会整体缺乏独立创新的精神与自我反思的能力，从而成为工业文明逻辑下被精心操控的群体。

在深入剖析爱默生的自然哲学体系时，不难发现其中蕴含着生态伦理思想的雏形。爱默生深刻洞察到自然作为人类生存与进步的基石，不仅提供了赖以生存的物质资源，更在精神维度上展现出无可估量的价值。他坚信自然对人类具有深远的积极影响，这种影响在精神世界的塑造与升华过程中尤为显著。爱默生强调：自然之于人类心灵的触动，既为时序之先，亦为影响之最。这一观点深刻揭示了自然在人类精神成长中的首要地位与关键作用。他进一步阐述，在自然的怀抱中，人类能够寻回理性与纯真，体验到一种超越日常琐碎的宁静与和谐。爱默生笔下的自然，是一个能够净化心灵、激发高尚情操的圣地，这种体验不仅是对自然美的颂扬，更是对人与自然和谐共生理想状态的深刻向往。尤为重要的是，爱默生将自然视为一种疗愈的力量，认为它能够恢复人类因世俗纷扰而受损的精神健康。他提出：自然是治愈人心之良药，能够抚平创伤、恢复生机。这一观点凸显了自然在促进人类精神健康、实现心灵救赎方面的独特作用。

2.梭罗关于生态伦理的思想

梭罗在其文学创作中深刻勾勒了一种超越人类中心主义的存在维度，这一存在本质上指向了大自然本身，它作为一种独立且固有的价值体系，不仅超越了任何单一人类个体的生命体验，更对所有生命形态构成了不可或缺的基石，彰显了其普遍而深远的意义。梭罗的笔触不仅揭示了自然界的内在价值，还强调了这种价值对人类社会的深刻影响与启迪，从而促使读者反思人类与自然之间的根本关系。

梭罗的生活哲学与创作实践紧密交织，主要体现在两大面向：一是他极力倡导并实践着一种极简主义的生活方式，这种追求超越了物质层面的简单与节俭，深入到精神与心灵的纯粹之境，力求回归古希腊哲人式的质朴与自由，展现了对过度物质化社会的一种深刻批判与超越；二是梭罗将自身完全融入田园生活之中，通过对自然风光的亲身体验与细致观察，不仅深化了对自然历史的理解，更在心灵层面实现了与自然美的深刻共鸣，这一过程不仅是审美的发现之旅，也是对自然之伟大与神秘的深刻体悟和致敬。

尽管梭罗的作品中充满了对自然的深情描绘与深刻思考，但他并未直接构建一套完整的生态伦理学框架来阐述人与自然之间的道德关系。这一现象并非反映了他对环境问题的忽视或道德关怀的缺失，而是根植于特定历史语境下的独特表达。在梭罗的时代，环境破坏的现象已初露端倪，如康科德地区因铁路建设而引发的林木砍伐，便成为他笔下深刻反思的对象。在《瓦尔登湖》中，梭罗以细腻的笔触记录了自然之美遭受破坏的哀歌，表达了对人类活动无度扩张的忧虑与不满，同时也隐含了对建立更加和谐共生的人与自然关系的深切期望。因此，梭罗虽未直接构建生态伦理体系，但其作品却为后世探索人与自然关系的道德维度提供了宝贵的思想资源和情感共鸣。

从超验主义的哲学视角出发，梭罗深刻批判了人类对自然环境的破坏行为，其论述不仅体现了对个人精神独立的高度珍视，也蕴含了对自然美学与灵性价值的深刻洞察。梭罗作为一位具有鲜明个人主义色彩的思想家，他强调在自然中寻找并维护个体的精神自由，认为自然环境是人类精神独立不可或缺的土壤。在他看来，人类对自然资源的无度索取与改造，实质上是对自身精神家园的侵蚀与剥夺，尤其是当现代社会的商业主义与物质主义浪潮席卷而来时，自然之美、诗意与灵性正遭受前所未有的冲击和消解。

梭罗严厉指出，无论是建造居所的扩张，还是林木资源的掠夺性砍伐，这些看似促进人类物质福祉的行为，实则是对自然和谐状态的粗暴干涉与破坏，反映了人类试图以外力征服自然的错误逻辑。他进一步提出，商业主义不仅是物质繁荣的驱动力，更是与诗意、哲学及生命本质相悖的力量，其无孔不入的渗透力威胁着人类精神的纯粹与自然的神圣。

在审美与商业的对立构建中，梭罗倡导以审美主义为武器，对抗商业主义对自然的侵蚀。他通过诗意的语言，赞美了诗人对自然之美的细腻感知与尊重，而非伐木人那般仅从实用角度出发的粗暴利用。梭罗强调，真正的自然之友是那些能以审美眼光审视万物，心怀敬畏与感激之情的人，而非那些仅将自然视为资源加以掠夺的功利主义者。

梭罗的生态伦理观念超越了传统道德批判的框架，他并未单纯从道德责任或良心谴责的角度审视人类行为，而是将自然视为一个充满灵性与美的生命体，其内在价值独立于人类的经济利益之外。这一立场与当代许多环境伦理学者的观点形成鲜明对比，后者往往侧重于道德伦理的构建，旨在通过道德约束来规范人类行为。而梭罗则更侧重于唤醒人们对自然之美的感知与爱护，倡导一种基于审美与敬畏之心的生态伦理观。

梭罗的哲学体系深刻聚焦于自然所蕴含的精神价值与审美意蕴，同时，他倡导建立一种基于"同情"原则的人与自然关系，这种关系超越了单纯的物质依赖，融入了道德伦理的考量。他主张，人类若欲维持身心的健全状态，则须与自然界构建一种近似于人际和谐共生的紧密联系。在梭罗看来，真正意义上的生活，是建立在对自然温柔以待的基础之上，这种温柔体现在避免对自然施加任何非必要的伤害，是对自然界赋予人类恩赐的深刻尊重与感激。

梭罗通过个人经历中的反思，如因采集栗子而无意中对树木造成的伤害，表达了对自然生命的深切同情与自我责备，进而将此类行为提升至道德批判的高度，认为对自然资源的无端破坏无异于一种精神的暴力，甚至可视作一种生态罪行。他对于邻居砍伐朴树的强烈反对，不仅体现了对特定生态景观消失的遗憾，更是对人与自然关系失衡的深刻忧虑，呼吁社会应将浪费自然资源的行为纳入法律与道德的双重审判之中。此外，梭罗还坚决反对以科学研究或任何非必要目的伤害生物的行为，认为这些行为违背了人与宇宙间应有的和谐共生原则，是对生命本质的亵渎。他思想的转变，从早期为了学习辨识鸟类而射杀鸟类，到后来强调任何无意义的生命伤害都是对自我存在价值的削弱，标志着其生态伦理观的成熟与深化。更进一步，梭罗提出了"更高的规律"作为人类行为的指导原则，这一规律超越了传统道德的范畴，将自然保护与生命的神圣性置于前所未有的高度。他反对食用兽肉，并非出于简单的道德说教，而是基于对人类本能及文明进步趋势的深刻理解。梭罗认为，拒绝肉食不仅体现了对动物的仁慈，更是人类向更高层次文明进化的标志，预示着人类将逐渐摆脱对自然界暴力征服的历史阶段，迈向更加和谐、可持续的生存方式。他坚信，随着人类文明的演进，对自然生态的尊重与保护将成为不可逆转的趋势，正如人类历史上逐渐摒弃野蛮风俗，走向更加文明的社会形态。

二、大学生生态文明教育的思想观念

不同的文明不仅包含表层不同的生产方式、经济形式和生活方式，更重要的是包含深层不同的世界观、价值观和伦理观，包含不同的生活态度和实践态度。后者往往会对新文明的到来和建设起到先导与智力的支持，从根本上推动新的文明的出现和发展。大学生作为未来建设生态文明的主力军，必须有丰富的生态文明意识与生态文明思想，因为文明的革命首先需要思想意识的革命，所以对大学生进行生态文明思想教育是必不可少的。结合当今生态文明的发展和时代特点，大学生应该了解相应的生态哲学、生态伦理、生态法制和生态经济方面的思想。

（一）生态哲学观

新的时代和文明的到来，必随之有新的世界观。生态哲学正是当今这个大变革时代的产物，是时代呼唤出来的新哲学观。工业文明带来的生态危机，使人类陷入困境，面对这种困境，人类开始觉醒，寻找解决办法，从技术到制度，再到全球性环境保护运动的出现，但是这些都没有阻止全球环境的恶化，环境问题反而愈演愈烈。于是人类开始进一步反思，认识到必须从哲学上进行反思，要批判反思工业文明时期的世界观，提出新哲学观，才能从根本上解决问题。在这个过程中，生态危机的出现推动了生态学的研究与发展，生态学的历史发展又为生态哲学的诞生提供了基本的要素。生态学的研究重点经历了从研究生物为主体的生态，转向研究以人为主体的生态，普通生态学发展到人类生态学的历程。人类生态学的出现表明生态学向哲学领域扩展，预示了哲学范式的转变，由此生态哲学随之诞生，成为生态文明建设的哲学依据。

20世纪中叶以来，后现代主义思潮兴起，在对现代主义批判的过程中，提出了许多有价值的观点，也有助于哲学范式的转变，如生态马克思主义，将马克思主义与生态学结合起来，寻求社会发展正确的途径，认为几乎所有当代生态问题，都有深层次的社会问题根源。资本主义危机，不仅表现在资本主义生产过程中，而且表现在社会生产与整个生态系统的关系中，严重发展的生态危机会改变发达资本主义社会繁荣和物质丰富的状况，这会使人们对发达资本主义感到失望，从而产生社会变革的新动力。另外还有现代人类中心主义、生物中心主义、生态中心主义、生态女性主义、生态神学等，这些新思潮和新观点，都对生态哲学具有很重要的启示意义。

生态哲学是对传统哲学的变革与发展，是在反思和批判传统哲学的基础上形成的，要变机械世界观为生态世界观。

人与自然的关系也就是"天人关系"，是一切哲学都必须回答的基本问题或原点问题，更是生态文明建设中必须回答的哲学问题，所以也是生态哲学的核心问题。由于人是这个世界上唯一具有精神、思维、主体意识的存在物，所以这个问题有时又表现为思维与存在、精神与自然界、主体与客体的关系问题，这是中西方哲学都关注的问题。西方哲学中的传统的"人类中心主义"强调主客二分，强调人与自然是完全分离的主客关系，认为人独立于自然界，而不是自然界的一部分，自然界独立于人，它单独存在并不以人的意志为转移。在价值论上，承认人是有价值的，而自然界是没有价值、没有目的、没有生命、没有精神的，是为了人的利益而存在的，而人是有目的、有生命和有精神的，人为了自己的生存和发展，可以并且有能力控制和主宰自然，人对大自然的统治是绝对的、无条件的。如培根主张通过获得知识达到对自然的统治，笛卡儿提出"借助实践使自己成为自然的主人和统治者"，康德则明确宣称"人是自然的立法者"，都把征服自然、战胜自然看作是人的主体性及其本质力量的表现。这种对"天人关系"的定位，带来了辉煌的工业文明，同时也带来了生态危机。因此必须在哲学上进行批判与重构，在人与自然的关系上应该吸收中国古代哲学中的精神。

天人关系是中国哲学的基本问题或最高问题，"天人合一"是中国哲学的基本理念，这一学说要求人与自然保持和谐统一。人是自然界的产物，也是自然界的一部分，自然界不仅有生命而且不断创造新的生命，无论是道家的"道生万物"，还是儒家的"天生万物"，都强调自然界具有生命并不断创造生命。因此自然是有价值的，中国哲学中的"天道""天德"就是针对这种价值的描述，因此人应该尊重自然，因为人的生命是与自然分不开的。人作为万物之灵，中国哲学也强调人的主体性，但是不同于"人类中心主义"强调自我权力和意识的主体性，而是提倡"天人合一"的德行主体，追求人与自然的和谐统一。人与其他生命一样都是自然界的产物，自然界的动物和植物都是人类的朋友，人并不是凌驾于自然界之上的主宰者。

生态哲学在人与自然关系这一哲学范畴上，汲取中国古代哲学的精神，指出自然是具有创造性的，而且是人类及其他生命生存和发展的资源，自然界对人类而言具有多重价值。人在自然之中，而不是独立或凌驾于自然之上，自然永远隐匿着无限奥秘，是人无法掌握与预知的，人对自然必须心存敬畏。界定了人与自然的关系，那么也就界定了主客体关系，主客体并不是绝对分离和对立的关系，而是互相联系和谐统一的关系。虽然人和社会是作用于自然的主体，生命和自然相对的就是客体，但是人也不是绝对和唯一的主体，不同种类的自然物也具有不同程度的主体性，因此主体和客体的关系具有相对性，而不是绝对的。人的主体性地位是在实践中自觉地意识到的，人通过劳动变天然自然物为人工自然物而满足自己的需要，这表现了人的自觉的能动性，但并不能就此否认主体之间相互联系、互相制约的关系，一方面人对环境的作用，通过自己的活动改变环境，另一方面环境对人的作用，特别是人类活动改变了的环境对人的反作用，表现了自然界的主动性和主体性。人类对环境的改变应该遵循自然规律，在自然界能够承受的限度之内，不能反其道而行。

在历史学领域，传统视角往往倾向于将人类文明的兴衰归咎于战争的直接冲击，然而，随着跨学科研究的深入，尤其是环境史、地理学与生态学的融合分析，揭示出自然环境变迁作为一种更为根本且深层次的驱动力，在文明兴衰中扮演了不可或缺的角色。这一发现挑战了既有认知，强调了生存环境恶化对文明存续的致命影响，而战争则成为这一过程中或加速或缓解的外部催化剂。

以古巴比伦文明为例，其辉煌一时的文明成就与随后迅速陨落的命运，成为自然与人类活动相互作用下文明兴衰的典范。古巴比伦文明的崩溃，并非单一战争的直接后果，而是源于对自然资源的过度开发与不合理利用，特别是灌溉系统的管理失当。森林砍伐导致的生态失衡，加之地中海气候的特殊性，加剧了河道淤塞与土地盐渍化问题，最终使得肥沃的美索不达米亚平原沦为不毛之地，文明之光也随之暗淡。这一案例深刻揭示了人类活动对自然环境造成的不可逆损害，以及这种损害如何反作用于人类社会的繁荣与稳定。

同样地，撒哈拉沙漠的历史变迁也为人们提供了关于环境变迁与人类文明兴衰之间复杂关系的又一例证。曾作为绿洲存在的撒哈拉，其生态退化轨迹见证了人类活动对自然环境的深刻影响：草原过度放牧、森林砍伐与火灾频发，共同推动了沙漠化的进程，昔日绿洲终成今日生命难以企及的荒漠。这一过程不仅是对人类活动盲目性的警示，也凸显了自然界在应对人类干预时展现出的强大反作用力与自我恢复机制的复杂性。

在当今复杂多变的全球背景下，"人—社会—自然"这一复合生态系统被视为一个高度集成的活系统，它不仅蕴含着生命的律动，还展现出深刻的思维与精神维度。这一系统内部，自然存在与社会存在、自然运动与社会运动等生态结构相互交织，共同构成了系统动态平衡与演化的基石。这些组成部分并非孤立存在，而是不可分割、紧密相连，通过复杂的相互作用机制共同塑造着系统的整体面貌与未来走向。

从哲学视角审视，这一复合生态系统的特性要求从传统的机械论框架中解脱出来，转向更为全面和动态的有机论视角。这一转变不仅是对自然规律的重新认识，更是对经济、社会乃至文化等人类活动方式的深刻反思。同时，针对过往经济主义导致的单一追求经济增长而忽视社会与环境和谐共生的弊端，亟须进行生态经济观的构建，以此替代原有的经济主义批判，实现发展理念的根本性变革。

经济主义作为一种机械论式的世界观，其局限性在于将经济增长视为至高无上的目标，割裂了经济与社会、环境之间的内在联系，导致了"自然—经济—社会"系统的严重失衡与不可持续。面对由此引发的环境污染、生态危机等全球性挑战，亟须摒弃这种短视的发展模式，转而拥抱生态经济的新理念。

生态经济强调经济发展与生态保护、社会公平的内在统一，是经济学原则与生态学原则深度融合的产物。它要求在制定经济政策、规划发展路径时，不仅要考虑经济效益的最大化，更要兼顾社会公平的实现与环境质量的提升。这种发展模式将经济发展提升至道德与哲学的层面，倡导以更加全面、长远和负责任的态度来指导人类的经济活动，确保经济增长与社会进步、环境保护三者之间的和谐共生与良性循环。

在当前学术探讨的语境下，对个人主义价值观的批判正逐步向整体主义视角转化，这一趋势深刻反映了人类社会发展理念的深刻变革。工业文明时期所秉持的机械世界观，其内核往往倾向于个人主义，这一哲学立场在促进个体自由与价值实现的同时，也无形中构建了个人与社会、自然之间的疏离感，将个体视为独立于"人—社会—自然"复合生态系统之外的单一存在。个人主义驱动下的自由竞争机制，虽激发了社会活力，却也伴生了一系列社会与环境问题，如资源过度消耗、环境污染加剧及生态失衡，这些问题严重挑战了可持续发展的底线。

随着生态文明时代的到来，学界越发认识到，传统的个人主义价值观已难以适应新时代的需求。生态文明强调的是整体性思维，即个体与整体之间不是简单的对立关系，而是相互依存、相互促进的共生体。在这一框架下，个人价值的实现不再是以牺牲社会整体利益和环境为代价的孤立行为，而是内嵌于维护自然生态平衡、促进社会和谐共生的过程中。这意味着，个人主义须被重新定位，其倡导的自我实现应成为推动人与自然、社会和谐共生的重要力量，而非其阻碍。

生态世界观的兴起，为这一转变提供了坚实的哲学基础。它倡导的是一种以整体性、系统性为特征的思维方式，强调人类活动应尊重自然规律，遵循生态系统的内在平衡法则，实现经济、社会、环境的协调发展。这一哲学转向不仅是对传统工业文明时期个人主义价值观的深刻反思，更是对未来可持续发展路径的积极探索。在生态文明建设的实践中，生态世界观为政策制定、科技创新、社会管理等各个层面提供了重要的理论指导，推动人类社会向更加绿色、低碳、循环的发展模式转型。

（二）生态伦理观

随着社会的不断演进与文明的持续升华，伦理观念的拓展与深化成为一个不可逆转的历史进程。在这一过程中，伦理与道德的边界逐渐超越了传统的人际范畴，向更为广阔的领域延伸，其中最为显著的趋势便是生态伦理观的崛起。这一观念标志着人类伦理认知的飞跃，它将道德关怀的触角从人类社会内部伸展至非人类自然世界，构建了人与自然和谐共生的新伦理框架。

生态伦理学的兴起，实则是对古老生态智慧的现代诠释与系统化发展，其理论根基可追溯至人类早期文明对自然敬畏之情的朴素表达。然而，作为一门成熟的应用伦理学分支，它真正获得独立地位并蓬勃发展，则是随着全球范围内环境保护意识的觉醒与自然保护运动的蓬勃兴起。在生态文明时代的大背景下，生态伦理学成为推动社会可持续发展的重要思想力量，其理论体系日益丰富多元，涵盖了从"现代人类中心主义"到"生态中心主义"等多样化学派，这些理论虽立场各异，有的强调人类利益的优先性，有的则倡导对自然界所有生命及生态系统的全面尊重与保护，但它们共同促进了环境保护意识的普及与深化，为生态伦理学的理论构建与实践探索提供了宝贵的思想资源。

生态伦理学的核心议题在于重新界定人与自然之间的伦理关系，这一界定旨在打破传统观念中人与自然对立的二元格局，转而寻求一种基于相互尊重、责任共担的新型关系模式。在这一过程中，对自然界价值的重新认识成为关键所在。传统西方伦理学往往将自然视为服务于人类需求的工具性存在，而生态伦理学则深刻揭示了自然界所蕴含的多重价值，包括但不限于其作为生命支撑系统的基础价值、维护地球生态平衡的生态价值，以及激发人类精神思考与美感体验的文化价值等。这种对自然价值全面而深刻的认知，不仅丰富了伦理学的理论内涵，也为人类社会的可持续发展提供了坚实的伦理基础。

在环境伦理学的深邃探讨中，对自然界价值的全面剖析构成了一个核心议题。罗尔斯顿在其标志性著作《环境伦理学：自然的价值和人对自然的责任》中，系统性地展开了对自然界多元价值的详尽论述，这不仅深化了人们对自然本质的理解，也促使人们重新评估人类与自然的关系。他所列举的13项价值维度，从支撑生命到宗教价值，全面覆盖了自然对人类社会及个体存在的多维度贡献，这些价值被进一步归纳为工具价值与内在价值的二元框架，尽管后者在学术界引发了广泛争鸣。

从更为宏大的价值论视角审视，将自然界的复杂价值简单归类为"工具"与"内在"两类，或许未能充分捕捉其本质的丰富性与系统性。生态系统作为一个高度集成的生命网络，其展现出的价值远超越单一维度的界定，而应被理解为一种"系统性价值"。这种价值植根于生态系统的多样性与复杂性之中，是生命现象涌现与存续的基石。

自然界的价值具有原初性与基础性，它是人类生存与发展所需一切资源的源泉。无论是物质资源的直接利用，还是精神层面的审美与启迪，均离不开自然界的慷慨馈赠。劳动价值虽是人类社会进步的体现，但其深深扎根于自然赋予的原始价值之中，是对自然价值的进一步加工与转化。因此，自然界不仅是价值的承载者，更是价值的原始创造者，其价值存在先于人类评价，具有不依赖于人类意识的客观性与普遍性。

追溯地球生命的壮阔历程，不难发现，自然界的价值创造远早于人类文明的诞生。地球以其独特的物理、化学过程孕育了生命，构建了繁复多样的生物圈，这一过程本身就是自然界内在价值的生动展现。这一认识不仅提醒人们要以谦卑之心对待自然，更强调了在人类社会发展中尊重并保护自然价值的重要性。自然界的价值是客观存在的，它不以人的意志为转移，而是作为人类生存与发展的基石，持续发挥着不可替代的作用。

自然界，作为宇宙间一个复杂而精妙的存在，其内在价值不仅体现在其丰富的生命形态与持续演化的过程中，更深刻地蕴含于维系地球生态平衡与促进生物多样性的诸多功能之中。这一价值认知的深化，自然而然地导向了对自然界权利的承认与尊重。在生态伦理学的理论框架下，价值与权利被视为不可分割的统一体，自然界因其固有的内在价值而被赋予相应的权利，这不仅是逻辑上的必然延伸，也是人类道德关怀边界扩展的迫切要求。

生命演化的壮丽史诗，从原始微生物的萌芽至复杂生态系统的构建，每一生命层次的跃迁都是自然法则下的奇迹。地球上的每一个生命体，无论其形态如何迥异，在享有权利的层面上均有着平等的地位，这是自然界内在秩序与和谐共生的直接体现。人类作为这一漫长演化链条上的高级形态，其活动虽极大地推动了文明进程，但也须深刻反思自身行为对自然生态系统造成的深远影响。

随着人类文明的发展，对自然的改造日益深入，然而，这一进程中的过度干预与破坏，已逐渐触及并超越了自然界的自我调节能力边界，导致了一系列生态危机。面对这一严峻挑战，生态伦理学的兴起为人们提供了重新审视人与自然关系的理性视角。自然界的权利，作为道德层面上的重要命题，不仅是对传统人类中心主义的超越，更是对人与自然和谐共生理念的深刻诠释。在此背景下，动物解放论、生物中心主义及深层生态学等理论流派，均从不同维度强调了将道德关怀扩展至非人类生命的必要性，呼吁人类以更加谦卑与负责任的态度面对自然。这些理论共同指向了一个核心观点：自然界的价值并非人类所赋予，而是自然生态系统自身固有的；人类作为这一系统的一部分，应基于对自身生物本性和文化属性的深刻理解，承担起维护生态平衡、促进生物多样性的道德责任。

在探讨自然界的权利体系时，必须深刻认识到，这一体系不仅根植于生物圈中物种的生存权，更涵盖了其不可或缺的自主权。强调自然界的权利平等性，是对传统功利主义思维模式的深刻反思与超越，它呼吁摒弃以人类偏好为导向的价值判断，转而尊重并维护每一物种存续的固有权利。这意味着，无论物种的性情、外貌或与人类关系的亲疏，均不应成为衡量其保护价值的标尺。自然界中，每一种生命形式都承载着生态系统中不可或缺的角色与功能，其存续权利不容侵犯。

进一步而言，自主权作为生物基本权利的另一重要维度，体现了生态系统内生物多样性的自然法则与自由意志。在自然选择的精妙调控下，各物种依据其独特的生态习性与活动模式，追求着生存与发展的自由。然而，当前人类活动，如大型基础设施建设、海岸线改造及森林砍伐等，往往未经充分考量便对生物栖息地造成破坏，进而干扰了生物的自然进程，甚至可能引发物种特性的非自然变迁，这些变化长远来看可能对生态安全构成严重威胁。

因此，从生态伦理的高度审视，任何对自然的干预与改造，都应当建立在严谨的环境影响评估基础之上，确保人类活动与自然规律的和谐共生。这要求人类必须摈弃对自然的盲目征服与掠夺，转而采取一种更加审慎、负责任的态度，主动承担起管理与保护自然的重任。通过科学规划、合理布局与生态修复等手段，人类应努力恢复并维护自然界的生态平衡，确保所有生物都能在尊重与保护中自由生长，共同编织地球生命的多样性与繁荣。

在探讨自然界的价值与权利时，必须秉持一种审慎而平衡的视角，以规避两种极端化的倾向。一方面，传统人类中心主义的立场，即片面地将道德价值及生存权利仅赋予人类，而忽视或否认自然界其他生物的道德自律与生存权益，显然无法适应现代生态伦理的发展需求。这种狭隘的视角忽略了生物多样性与生态平衡的复杂性，限制了人类对自然和谐共生的深刻理解。另一方面，极端生态主义虽强调自然界的绝对权利，却可能滑向另一极端，即不恰当地将人类与自然界的权利等同化，甚至提出牺牲人类利益以维护自然权利的极端主张，这同样违背了生态伦理的初衷与目的。

因此，我们倡导的是一种发展的"现代人类中心主义"视角，它既不完全摒弃人类作为生态系统中一员的重要地位，也不忽视其他生物及生态系统的整体价值。在这一框架下，生态伦理应坚持两个核心原则：首先是根本需要原则，它强调在人与自然的关系中，人的基本生存需求具有优先性，但这并不意味着可以无限制地牺牲自然界的利益来满足人类的奢侈欲望。相反，当人类需求与自然生物利益相冲突时，应遵循生存需要的层次性，即人的基本生存需求优先于生物的生存需求，但生物的生存需求应高于人类非必要的奢侈追求，以确保生态伦理的公正性与道德性。其次是整体性原则，它要求在生态文明建设中，将"自然—经济—社会"视为一个相互依存、不可分割的复合系统。在这一系统中，生物物种的存续与生态系统的整体健康至关重要，因此，物种的整体利益应高于个体生物的利益。同时，人类的行动与决策须兼顾全局与长远，不得因局部或短期的经济利益而损害生物多样性和生态系统的完整性。人类作为具有高度智慧与责任感的物种，应积极承担起完善生态系统、保护和提升其生命维持能力的重任，任何破坏生态系统整体性和生产力的行为，都违背了生态伦理的基本原则，应被视为不道德的行为。在人际关系层面，同样强调人类的整体利益高于个人利益或群体利益，倡导团结协作，共同促进人与自然和谐共生的美好愿景。

在探讨人际间生态伦理关系的维度时，公平原则成了其不可或缺的核心支柱，这一原则在整体性原则的框架下尤为凸显其重要性。具体而言，公平原则可细分为代内公平与更为宏观的跨群体责任分配两大层面。代内公平强调，在全球生态系统中，尽管人类以多样化的群体形态存在，包括国家、民族、区域、阶级及社会团体等，但生态系统的整体性决定了任何单一群体的行为均会对整体产生深远影响。因此，倡导以人类整体利益与长远福祉为行动指南，促进全球生态伦理共识与世界共同体的构建，成为实现代内公平的关键路径。

在代内公平的实践中，发达国家与发展中国家之间的责任分配问题尤为突出。鉴于历史原因，发达国家在工业化进程中累积了巨大的环境债务，通过长期以来的资源过度开发与污染排放，对全球生态环境造成了不可逆的损害。当前，这些国家不仅未能充分承担应有的环境修复与保护责任，反而试图通过责任均摊的论调，规避其历史责任，甚至通过产业转移、污染输出等手段，将生态危机转嫁给发展中国家，此举严重违背了生态公平与正义的原则。面对这一现状，国际社会亟须明确并强化发达国家在全球环境治理中的主导责任与义务，同时鼓励发展中国家在能力范围内积极贡献，共同构建基于责任共担与差异化履行的全球环境治理体系。这要求发达国家不仅要减少自身排放，还应提供资金、技术和能力建设支持，帮助发展中国家实现绿色转型与可持续发展。同时，发展中国家亦须增强自主环保意识与能力，通过创新与合作，探索适合自身国情的生态保护与发展模式。

在我国国内的发展进程中，确保代内公平是实现生态文明建设与可持续发展不可或缺的基石。这一原则深刻体现在经济发达地区与欠发达地区、城市与乡村、不同企业之间，以及企业与当地民众之间资源分配和环境保护责任的均衡上。它要求全社会在追求经济增长的同时，必须维护所有社会成员在发展权利、自然资源享用权及承担生态责任与义务上的平等性。这意味着，任何区域或群体的快速发展都不应以牺牲其他区域或群体的基本权益为代价，因为这样的做法非但无法有效解决生态环境问题，反而可能激化社会矛盾，阻碍生态文明社会的整体构建。

代际公平作为可持续发展理念的另一重要维度，强调了当代人与后代人在自然环境和资源利用上的公平原则。它要求人们在制定发展策略时，必须超越短期利益的局限，将未来世代的福祉纳入考量范畴。具体而言，当代人的经济活动应秉持对后代负责的态度，避免过度开采和污染，确保后代人能够继续享有健康、丰富的自然资源。这种跨时代的责任感体现了对全人类生存与发展的深切关怀，是可持续发展伦理框架下的核心要求。因此，将现实利益与长远利益有机结合，确保当代发展与后代福祉的和谐统一，是实现真正意义上可持续发展的必由之路。

（三）生态法治观

保护和合理利用自然环境资源，保持生态平衡，是一项极其复杂的系统工程，贯穿于生产、流通、消费等社会生活的全过程，单纯靠伦理道德的约束是无法实现的，还需要运用各种手段综合调整。作为以国家强制力为保障的调整社会关系的工具，法律在保证生态、环境、资源保护和合理利用方面，是一种非常重要的手段。人类作为建设生态文明的主体，必须将生态文明的内容和要求内在地体现在人类的法律制度中。

在生态文明视野下，法律必须接受生态规律的约束，只能在自然法则许可的范围内编制。立法者应当自觉地把生态规律当作制定生态法律的准则，注意用自然法则检查通过立法程序产生的规范和制度的正确与错误。生态文明条件下的立法要协调人类惯常的开发自然的活动与生态保护之间的关系，而不再只是在阶级、民族、政党、中央与地方、整体与局部等社会关系领域内搞平衡。要保护和改善生态环境，就必须调整人们在开发利用自然资源和环境中形成的社会关系，使之符合客观自然规律和社会经济规律。法律把这种要求以法律规范的形式固定下来，体现为具体的权利和义务，并以国家强制力保障人人遵守执行。

伴随着人类生态保护的进程，与生态保护相关的法律也随之发展完善起来。生态保护法分别从自然资源保护法、污染防治法等领域发展起来，这些领域的法律又因遵循相同的生态规律、调整密切相关的自然资源、生态环境而相互交叉和融合，从而综合到生态保护法体系中。

在当代全球生态保护的法律框架构建中，各国立法实践展现出多元化且日益深化的趋势，其核心聚焦于自然保护、环境污染防控及自然灾害的应对与救助等关键领域。自然资源的合理利用与保护作为这一法律体系的重要基石，其立法渊源可追溯至较早时期，而环境污染防治的立法进程则紧密伴随着工业化浪潮的推进，尤其是在20世纪后半叶，随着工业化的加速发展而显著加快。

日本在积极应对公害问题的同时，亦高度重视自然环境的整体保护，1972年出台的《自然环境保全法》体现了其环境保护理念的全面升级，即从单一的污染治理转向生态系统的综合维护。此外，随着全球范围内自然资源开发能力的提升，资源保护成为更加紧迫的国际议题，加之跨国环境污染问题的凸显，促使生态环境保护领域的国际法体系迅速发展。这一进程在多个重要国际环境会议的推动下加速，其中，1972年联合国人类环境会议通过的《人类环境宣言》虽不具法律约束力，但其作为"软法"在国际环境法领域发挥了不可估量的作用，通过确立人类环境问题的全球性共识与基本原则，为后续环境立法提供了宝贵的哲学与伦理指导，极大地促进了国际及国内环境保护法律体系的完善。

20世纪末，环境保护与可持续发展理念进一步融合，1992年联合国环境与发展大会上的《里约环境与发展宣言》明确提出了可持续发展的环境保护战略，这一全新发展模式不仅是对传统发展路径的深刻反思，更是对未来人类与自然和谐共生美好愿景的积极探索。该宣言的通过，标志着全球环境保护进入了一个全新的历史阶段，各国在立法实践中更加注重环境、经济、社会的协调统一，为构建更加公正、绿色、可持续的全球环境治理体系提供了重要指引。

生态保护法，作为20世纪法律体系中的重要分支，其兴起与发展深刻映射了人类社会对环境保护意识的觉醒和深化。该法律领域不仅确立了以维护生态环境平衡为核心宗旨的鲜明特征，还深刻体现了对全人类共同福祉的深切关怀。鉴于自然环境问题的普遍性与深远影响，它直接关系到人类社会的存续与发展基石，生态保护法因此承载着以法律为媒介，调和人与自然紧张关系，推动实现可持续发展的历史使命。

生态保护法在应对人与自然矛盾日益加剧的背景下应运而生，其构建初衷在于维护生态系统的稳定与和谐，进而捍卫全体人类的生存与发展利益。这一法律体系的形成，不仅遵循了社会经济发展的基本规律，更深刻地植根于对自然法则的尊重与顺应之中。它认识到，要达成生态环境的保护与改善目标，就必须对人们在自然资源开发利用及环境管理过程中所形成的社会关系进行必要的调整与优化，确保这些关系既符合自然规律的客观性，又兼顾社会经济活动的合理性与可持续性。为此，生态保护法通过制定一系列具体的法律规范，将上述调整要求转化为明确的权利与义务体系，旨在引导并规范社会成员的行为模式。

1.生态保护法的特点

生态保护法作为适应生态文明建设的新兴法学领域，具有自己的特点。具体如下。

（1）广泛性。生态文明建设是一项全面的、复杂的建设工程，涉及的生态和社会关系都是十分广泛的，因此生态保护法也具有广泛性。这种广泛性体现在保护对象方面、法律主体方面、调整的社会关系方面等。生态保护法的保护对象包括整个生态环境和各种生态因子。从森林到草原，从陆地到海洋，从动物到植物，各种生物均在生态保护法的保护之中。生态保护法的主体涉及广泛，不仅包括公民、法人及其他组织、国家机关，也包括有关的国家、国际组织等。调整的社会关系也涉及社会政治、经济、军事、社会生活等领域，凡是与生态和环境相关的社会关系，都受生态保护法的调整。

（2）综合性。生态保护法由于保护对象众多、调整的社会关系广泛复杂、相应的调整方法多样化，使它在许多方面具有很强的综合性。生态保护法既包括环境法、资源法、国土整治法等专门法，也包含在宪法、民法、经济法、科技法、卫生法等有关法律中。生态保护法的法律规范也具有综合性，分别具有行政法规范、民法规范、国际法规范等法律规范的性质。

（3）科学技术性。生态保护法的制定必须遵循生态规律和环境规律的要求，要依照客观规律改造自然，必须有相应的技术准则和科学态度，因此，生态保护法中就需要有许多技术性规范。包括生态保护标准、生态监测标准、鉴定规程、生产工艺技术的生态要求等。

2. 生态保护法的原则

生态保护法作为调整人与自然和谐的法律法规，具有一些基本的原则，根据我国各项环境和资源法律的规定应具有以下五个原则：

（1）协调发展原则。协调发展原则要求经济建设与保护生态环境、社会发展相协调，是人类社会与自然界协调发展，也是可持续发展的内在要求。要求人口的增长、经济和社会的发展必须与环境、资源的容量和承载能力相适应，发展经济和社会事业必须同时保护生态环境及合理利用自然资源。协调发展原则是整个生态保护和环境、资源管理工作必须遵守的指导性原则，同时也是生态保护法领域必须遵守的基本原则。

（2）预防为主原则。在生态保护领域的策略构建中，预防为主的原则占据着核心地位，它强调在一切可能引发生态环境问题的源头预先布防，通过前瞻性的规划与措施，有效遏制生产活动、生活方式对自然环境的潜在污染与破坏，同时注重自然资源的可持续利用与保护，力求在问题萌芽之前便将其扼杀于无形。这一原则根植于生态环境问题的复杂性与不可逆性，是对生态环境脆弱性深刻认知的体现。

一方面，环境污染与生态失衡的严重后果，不仅严重威胁着人类生命健康的安全底线，还对社会经济的可持续发展构成了重大挑战，其广泛而深远的影响已成为全球共识。面对这一严峻现实，采取积极主动的预防措施，无疑是维护人类福祉与社会和谐稳定的关键所在。

另一方面，鉴于环境污染与生态破坏的治理修复过程往往耗时费力、成本高昂，且部分损害具有难以逆转的特性，如重金属污染对土壤和水体的长期危害、土地沙漠化的不可逆扩张等，均凸显了预防工作的重要性与紧迫性。经济学分析进一步揭示了预防成本远低于事后治理成本的显著优势，这一比例差异（如预防费用与治理费用之比约为1：20）为政策制定者提供了强有力的经济依据，强调了"防患于未然"的明智之举。

鉴于此，国际社会广泛吸取历史教训，尤其是西方工业化进程中"先污染后治理"模式的惨痛经验，纷纷将预防原则纳入立法框架，旨在通过法律手段确保经济社会发展与环境保护的协同并进。然而，在追求经济快速增长的驱动下，忽视环境价值、牺牲环境换取短期经济利益的现象仍时有发生。因此，持续强化预防原则在立法与执法实践中的贯彻力度，构建更加完善的环境保护法律体系，成为当前及未来生态保护工作的重中之重，以确保人类社会的可持续发展之路行稳致远。

（3）合理开发利用原则。在应对严峻生态挑战的背景下，尽管"回归自然"的呼声试图倡导人类对自然界的零干预理念，但现实需求决定了人类生存与发展不可避免的需要和自然环境进行交互。因此，确立合理开发利用自然资源的原则显得尤为重要。这一原则强调，在确保人类基本生存需求得到满足的同时，必须秉持可持续发展的核心理念，对自然资源实施科学规划、适度开采、高效利用及综合保护。它要求人们在尊重生态环境与自然资源固有特性的基础上，通过技术创新与管理优化，不断提高资源利用效率，实现节约集约利用，并力求在开发利用过程中将环境负面影响降至最低限度。这一原则应深深植根于生态保护立法体系之中，作为指导原则，明确界定不同类型自然资源的合理开发方式与强度，确保对不可再生资源的审慎节约利用，同时确保可再生资源的开发活动不超过其自然恢复能力，从而维护生态系统的动态平衡。

（4）开发利用者负担原则。开发利用者负担原则，作为环境法体系中污染者付费原则的逻辑延伸与制度深化，其内涵不断丰富与拓展，旨在构建更加公平、有效的环境责任分配机制。该原则超越了传统政府财政兜底的单一模式，直指污染与破坏行为的责任主体，即那些从事生态环境与自然资源开发利用活动的单位和个人。它明确要求这些主体不仅要承担其活动可能引发的环境污染、生态破坏及资源退化的直接后果，还须主动采取修复措施或支付相应费用以弥补环境损害。这一原则的提出与确立，是对环境正义与社会公平原则的积极响应，有效遏制了"公地悲剧"现象，促进了环境责任的合理归位。在我国，随着自然资源与生态保护立法的不断完善，开发利用者负担原则已被明确纳入法律体系，成为推动生态文明建设的重要法律基石。它要求建立健全环境责任追究制度，明确企事业单位的环境保护主体责任，通过设立环境税费、生态补偿机制等手段，激励开发者采取更加环保的生产方式，同时加大执法监督力度，确保法律法规的有效实施，为构建人与自然和谐共生的现代化奠定坚实的制度基础。

（5）公众参与原则。公众参与原则在生态保护与自然资源管理领域占据着核心地位，它强调生态保护与资源利用的实践必须根植于广泛而深入的公众参与之中。这一原则不仅是民主价值在生态治理领域的深刻体现，也是现代社会治理体系现代化的重要标志。鉴于生态环境质量的优劣直接关系到每个人的生存福祉与未来发展，因此，将其视为全民共享的公益事业，鼓励并促进公众的积极参与，成为提升生态保护成效的关键路径。

为确保公众参与原则的有效实施，首要任务是构建透明、开放的生态保护信息披露机制，通过官方渠道及时、准确地公布生态保护政策、项目进展及成效评估等信息，充分保障公民的知情权，为公众参与奠定坚实的信息基础。同时，建立健全公众参与生态保护监督管理的制度体系，确保公众能够依托制度化、规范化的渠道，有效行使监督权与参与权，甚至在必要时享有通过法律途径维护生态权益的起诉权，从而构建起公众参与生态保护的长效机制。

在生态文明建设迈向法治化的时代背景下，将公众参与融入法律框架，不仅是法治精神的体现，也是推动生态文明建设科学化、民主化、制度化的重要保障。正如国际共识所强调，法律体系的重构须与自然界法则相协调，确保人类活动在法律约束下与生态环境和谐共生。通过强化生态文明建设的法律保障，既为正面行为提供指引，又对破坏行为进行严厉制裁，不仅能够塑造尊重自然、保护环境的法律文化，还能促进形成与自然和谐共生的法律传统，为可持续发展目标的实现提供坚实的法律支撑。

（四）生态经济观

生态经济作为应对生态时代挑战、推动可持续发展的重要产物，其核心理念在于生态与经济的深度融合，即经济学原理与生态学法则的和谐共生。这一跨学科领域不仅标志着人类发展观念的深刻转变，也为经济活动的绿色转型提供了理论支撑与实践路径。自20世纪60年代后期，"生态经济学"作为一门新兴学科在美国被正式提出以来，其全球影响力与日俱增，成为连接自然系统与经济系统、促进二者良性循环的关键桥梁。

在中国，生态经济学的研究与发展始于20世纪80年代初，提出"要研究我国生态经济问题，逐步建立我国生态经济学"的倡议。这一倡议不仅唤醒了国内对生态经济问题的广泛关注，还激发了学术界、政策界及社会各界对构建中国特色生态经济学的积极探索。随后，一系列学术会议、研究专著及学术组织的涌现，如生态经济学会的成立及其在全国范围内的推广，标志着我国生态经济学研究体系的初步形成与快速发展。

1.循环经济与绿色经济

（1）循环经济。循环经济的产生推动了理论界对人类可持续发展的研究。

循环经济是美国经济学家鲍尔丁在20世纪60年代提出的，他指出，目前人类经济发展采取的是"资源—产品—污染排放"的单向流动线性模式，由于可利用资源及环境承受力的限制，人类的资源消耗率始终高于资源的再生率，最终必然引发资源危机，地球将会因能源的最终枯竭而走向毁灭，而延长这一毁灭过程的唯一方法是尽可能地循环使用现有的资源。1966年德国颁布的《循环经济和废弃物管理法》是发达国家政府第一次正式使用"循环经济"一词。20世纪90年代循环经济概念与理论传入我国。循环经济以"减量化、再利用、资源化"为原则，以提高资源利用效率为核心，促进资源利用由"资源—产品—废物"的线性模式向"资源—产品—废物—再生资源"的循环模式转变，以尽可能少的资源消耗和环境成本，实现经济社会可持续发展，使社会经济系统与自然生态系统相和谐。

对循环经济的原则，国内学者都达成一种共识，即3R原则，是指减量化（Reducing）、再利用（Reusing）、再循环（Recycling），这是循环经济的操作原则。减量化原则要求从经济活动的源头注意资源使用的节约和污染的减少，要求用较少的资源投入来达到既定的生产目的或消费目的。在生产过程中，主要表现为要求产品体积小型化和产品重量轻型化。此外，还要求包装简单朴实，以达到减少废弃物排放的目的。

再利用原则属于过程性方法，主要是指在生产过程中延长产品和服务的生命周期。它要求产品和包装容器能够以初始的形态被多次使用，而不是一次性产品。这样的方法可以延长产品和服务的时间，提高产品和服务的效率。

再循环原则，作为循环经济体系中输出端的关键策略，其核心精髓在于促进产品生命周期结束后向可再利用资源的有效转化，从而规避其沦为无价值废弃物的命运。这一过程不仅涉及传统意义上的废品回收与废弃物的综合处理，更旨在通过技术创新与管理优化，实现资源价值的最大化延伸。其积极意义在于显著削减终端处理负担，同时促进低能耗新产品的诞生，为环境保护与资源节约提供了重要路径。虽然再循环原则连同减量化和资源化原则（共同构成广为认知的3R原则）在延长资源使用周期、提高资源利用效率方面展现出了显著成效，但它们在确保资源永续利用的深远目标上仍显不足。正如某些研究深刻洞察的那样，3R原则更多聚焦于现有资源体系的优化利用，而未能全面触及资源枯竭的根本解决之道。

鉴于此，资源的再生性原则与替代性原则（2R原则）应运而生，作为对3R原则的深化与拓展，它们共同构建了更为全面和前瞻的资源管理框架。再生性原则强调在资源开发利用过程中，应确保可再生资源的消耗速率严格控制在其自然再生能力之内，以此维系生态平衡与资源基础的稳固。而替代性原则则倡导针对不可再生资源，积极探索并开发新的资源替代方案，通过科技创新引领资源结构的转型升级，为经济社会的可持续发展奠定坚实的物质基础。

循环经济要注意不能仅仅局限于企业内部或者企业间物质闭路循环，而是根据情况发展三种不同的规模：一是企业内的物质闭路循环，可以称为小循环；二是企业之间的物质闭路循环，可以称为中循环；三是包括生产和消费整个过程的物质闭路循环，这是从宏观角度来说，可以称为大循环。只有从这三个层面都坚持循环经济的原则，才能发挥循环经济对可持续发展的保障作用，促进生态文明的建设。

（2）绿色经济。绿色经济萌芽于20世纪60年代，为了解决发展中国家由于人口猛增出现的粮食供应紧张问题，一些国家开始在粮食作物种植领域进行很多方面的技术改进，并且取得了一定的成效。同时，进行了农业生产变革，开创了世界历史的新纪元，推动了国际农业科学研究机构的建立和发展。随后这场主要针对绿色植物种植技术改革的"绿色革命"演变成一场全球的"绿色运动"，不仅涉及资源与环境问题，还渗透到社会各个方面。在经济学界，绿色生产、绿色消费、绿色分配、绿色技术此起彼伏，使绿色经济成为经济学界研究和讨论的热点命题。

现在"绿色经济"一词不仅渗透到生产的各个环节，而且已上升到产业层面，以无害生产和高产技术为发展重点的农业，以生命科技及其产业化为先导的生物产业如雨后春笋般迅速发展，对农业、工业与服务业的生产和产品也都提出了绿色的环境保护标准。

绿色经济实质是以市场为导向，以传统产业经济为基础，以经济、环境和谐为目的而发展起来的一种新的经济形势，是产业经济为适应人类环保与健康需要而产生并表现出来的一种发展状态。它将环保技术、清洁生产工艺等众多有利于环境的技术转化为生产力，将引导新的消费需求，引发新的技术革命和管理创新，从而开辟新的经济增长点。绿色经济可将循环经济、低碳经济、清洁生产工艺等众多有利于生态保护的理念和技术结合在一起来实现经济的可持续增长。

2. 低碳经济

"随着全球气候变化加剧和环境污染不断严重，低碳经济已成为解决这一问题的关键方式。低碳经济旨在通过提高能源利用效率、推动清洁能源及低碳技术的发展，实现经济持续增长和环境改善的良性循环。"①

低碳经济这一理念始于气候变化和能源安全的考虑，现在随着实践的进展与探索，低碳经济的内涵已经得到了不断拓展。目前大多数学者认同低碳经济是以低能耗、低污染、低排放为基础的经济模式，在可持续发展理念指导下，通过技术创新、制度创新、产业转型、观念转变、行为改变等多种手段和方法，在生产生活的方方面面尽可能减少煤炭、石油等高碳能源的消耗，减少温室气体排放，达到经济、社会发展与生态环境保护双赢的一种最高境界。低碳经济的目的是应对气候变化、解决人类生活、企业生产过程中过多地排放温室气体而引发的地球生态圈碳失衡。实质是能源高效利用、清洁能源开发、追求绿色GDP，核心是能源技术和减排技术创新、产业结构和制度创新及人类生存发展观的转变。低碳经济必然会极大地改变人类的生活、生产、消费习惯。与此同时，绿色技术将使经济结构产生根本性的变革，能源结构将告别"高碳"时代，从而国际、区域间的贸易与碳博弈将改变世界的格局。

低碳经济产业体系包括火电减排、新能源汽车、建筑节能、工业节能和循环经济、资源回收、环保设备及节能材料等。低碳经济与循环经济、绿色经济理念一样要求环境目标优先，遵循经济规律，有相应的技术支撑，在保证环境友好、资源节约的基础上实现经济增长和社会发展进步，实现经济与环境保护的双赢，同时低碳经济目标的实现也需要全球化的努力。全球气候系统是一个整体，气候的变化和影响具有全球性，没有国界，低碳排放、低碳发展需要全

---

① 黄小珊. 低碳经济的普及与城市经济学的发展 [J]. 低碳世界，2024, 14 (06)：181.

球的合作和努力，每一个国家，每一个地球人都有"节能减排、保护环境"的义务和责任。

目前，我国低碳经济的实现途径主要从三个方面着手：一是低碳需求。引导公众反思那些习以为常的消费模式和生活方式，从而充分发掘服务业和消费生活领域节能减排的巨大潜力，戒除以高耗能源为代价的消费倾向。这些消费观念与价值理念调整会为我国产业生态创新提供新的契机和社会动力。二是低碳生产。生产阶段要实现低碳生产，要依靠科技进步，开发利用低碳技术。低碳生产的实质，是贯彻节能减排和循环再利用原则，从生产设计、原材料选用、工艺技术与设备维护管理等社会生产和服务的各个环节实行全过程低碳化控制，从生产源头减少能源消费和排放，促进资源循环利用。三是低碳采购。在企业生产和居民日常生活过程中，要选取低碳产品，即在采购的过程中，不仅要考虑质量和成本要求，还要考察该产品在生产加工及物流配送和今后日常使用的过程中是否是低碳排放的，优先选择生产和使用过程都是低碳排放的产品和服务。

3. 循环经济、绿色经济、低碳经济之间的联系

循环经济、绿色经济和低碳经济都是20世纪后半期产生的新的经济思想，是人类面对资源危机、环境污染、生态破坏日益严重等问题的自我反省与改进，是对人类与自然关系的重新认识和总结。循环经济、绿色经济和低碳经济是从经济学角度，以包括人类在内的生态大系统为研究对象，借鉴生态学的物质循环和能量转化原理，考虑到资源和环境的代际公平问题，探索人类经济活动和自然生态之间的关系，旨在解决经济增长与资源环境约束之间的矛盾。它们在内容上互有重合、彼此交织，具有相同的系统观、相同的发展观、相同的生产观和相同的消费观，都没有停留在对资源和环境问题的一般性关注上，而是深入剖析传统经济发展模式的弊端，揭示资源和环境问题与传统线性经济发展模式的内在联系，探究人与自然关系的传统理念对资源和环境问题的深刻影响，寻求通过发展模式的创新与人类环境价值观念的革新，实现经济发展与环境保护的双赢。

第二节　大学生生态文明教育的现实支撑

新时代，万象更新，新征程，阔步前行。这一时期人民对美好生活的向往、对生活环境质量的追求成为主要需求，这就需要加快生态文明建设的步伐，培养发展所需的生态人才。大学生作为国家发展的承载者，对生态文明建设有着不可或缺的作用。高校作为培养人才的根本依托，更是承担着培养"生态人"的重任。因此，对大学生群体实施生态文明教育，是顺应国家建设的客观需要，是高等教育内涵式发展的现实需要，更是大学生全面发展的价值需要。

一、思想指导——生态文明思想

新时代，立足实际，同时放眼未来，以远见的卓识和魄力，既扎根传统，又融合现代，在中国共产党人的生态思想的基础上，为应对全球生态危机、推动全球生态治理，提出构建人类命运共同体的全球治理方案，为世界贡献了中国智慧。同时就我国的生态文明建设工作而言，明确了根本追求，也给予了整体性的指导，助力美丽中国梦的实现。开展大学生生态文明教育，要将生态文明思想与高校立德树人紧密结合起来，引导学生形成正确的生态价值观念，躬行于生态实践。

（一）坚持人与自然和谐共生

在生态文明理念的深刻内涵中，"坚持人与自然和谐共生"这一核心思想，是对人类与自然关系本质的精辟概括，它强调了人类生存与发展的根基在于自然界的和谐共存。这一理念深刻揭示了人类社会的存续与进步，是深深植根于自然生态系统之中的，自然界不仅是人类活动的广阔舞台，更是支撑一切文明实践的基石。简言之，人类与自然的互动构成了一个不可分割的整体，两者在共生共荣中相互促进，展现了生命共同体的深刻内涵。

从哲学高度审视，这一思想体现了对人与自然关系的辩证理解，即人类作为自然的一部分，其生存与发展不仅依赖于自然资源的供给，更受制于自然规律的约束。自然的存续是人类存续的前提，人类的任何实践活动都需在尊重自然、顺应自然、保护自然的原则下进行，否则对自然的任意破坏终将反噬人类自身，威胁到人类社会的可持续发展。基于这一认识，该理念倡导深刻认识并强化人类的自然属性，将国家、民族乃至全人类的繁荣与发展，牢固建立在生态环境得到有效保护的基础之上。它要求以科学的态度探索并遵循自然界的运行规律，善于从自然界中汲取智慧与资源，同时承担起保护生态环境、维护生态平衡的责任，实现人与自然关系的和谐统一。

站在辩证唯物主义的立场，这一思想不仅是对人与自然关系的深刻洞察，更是对人类未来发展路径的明确指引。它向世界宣告了人与自然并非相互对立的两个实体，而是紧密相连、相互依存的命运共同体。正如水之于鱼，自然界的健康稳定是人类社会存续与发展的先决条件，保护自然环境就是保护人类自身，守护自然界的生命力与多样性，就是守护人类文明的根基与未来。

（二）绿水青山与金山银山共发展

在新时代背景下，面对复杂多变的发展环境与新兴挑战，"既要绿水青山，也要金山银山"这一表述不仅是对经济社会发展与生态环境保护关系的精准概括，更是对可持续发展理念的创新性诠释。其背后的"绿水青山就是金山银山"发展观，为新时代的社会进步与生态文明建设开辟了新路径，展现出高度的前瞻性与实践性。

"绿水青山"作为生态文明的具象化表达，蕴含了自然环境的优美与生态资源的丰富，是生态安全与健康生活的基石；而"金山银山"则象征着经济发展的繁荣与人民福祉的提升，是社会进步的物质保障。通过这一巧妙比喻，深刻揭示了经济发展与环境保护之间相辅相成、相互促进的辩证关系，引导社会各界从更高的视角审视并平衡两者之间的张力。

为实现"绿水青山"与"金山银山"的双赢，强调必须走人与自然和谐共生的绿色发展之路。这要求在发展经济的过程中，不仅要追求量的增长，更要注重质的提升，通过科技创新、产业升级等手段，推动形成绿色低碳循环发展的经济体系。同时，要牢固树立尊重自然、顺应自然、保护自然的生态文明理念，加强生态环境治理与修复，维护生物多样性，提升生态系统服务功能，让良好的生态环境成为人民幸福生活的增长点、经济社会持续健康发展的支撑点。

绿水青山能够转化为金山银山，关键在于发挥生态资源的经济潜力，通过发展生态旅游、生态农业、绿色能源等生态产业，实现生态优势向经济优势的转化。这一过程不仅促进了经济结构的优化升级，还带动了就业创业，增加了居民收入，实现了经济效益、社会效益与生态效益的有机统一。

（三）强化制度法治，共筑绿色未来

在当前我国全面深化改革的宏伟蓝图中，制度改革的核心地位不容忽视，其中，生态文明体制改革作为推动绿色发展、促进人与自然和谐共生的关键环节，其重要性日益凸显。从这一改革进程深刻认识到，"无规矩不成方圆"的古老智慧在现代环境治理体系中的时代价值，强调制度与法律框架对于实现生态环境治理体系和治理能力现代化的至关重要性。

为从根本上扭转我国自然环境的现状，加速生态文明建设的步伐，构建一套科学、严格、高效的生态文明制度体系成为必然选择。生态文明体制改革的方向与路径，即要在思想观念深刻变革的基础上，强化法律制度的刚性约束，实行"最严格的制度、最严密的法治"。这一战略部署旨在通过制度的力量，规范并引导社会各界的生态行为，形成共建共治共享的良好生态治理格局。

具体而言，构建最严格的生态环境管理、监督、责任制度体系，是生态文明制度建设的基础工程。这要求系统梳理并明确界定政府、企业及公众在生态环境保护中的权责边界，形成覆盖全面、执行有力的监管与问责机制。通过将生态治理成效纳入政府绩效考核、企业评价体系及公民道德责任范畴，实现生态环境保护与经济社会发展同频共振、相互促进。同时，以《生态文明体制改革总体方案》等纲领性文件为引领，鼓励企业践行绿色生产模式，引领产业结构转型升级，构建绿色低碳循环发展的经济体系。

实行最严密的法治，是确保生态文明体制改革顺利推进的坚强后盾。这意味着要不断完善生态环境领域的法律法规体系，为生态文明建设提供坚实的法律保障。针对生态环境违法行为，采取零容忍态度，加大惩处力度，形成有效震慑。同时，注重法律法规的宣传教育，提升全社会的生态环保意识与法治观念，营造尊法学法守法用法的良好氛围。在强化环境执法力度的同时，优化监督机制，确保法律法规的有效实施，推动生态文明建设步入法治化、规范化轨道。

（四）打造人民满意的绿色民生环境

在当代社会语境下，整体生存环境的健康状态，对于社会结构的稳固、国家发展的可持续性及公民个体的福祉增进，均构成了不容忽视的基石作用。它不仅深刻影响着人类生存的基本条件与文明的传承演进，更是衡量社会进步与民生改善的重要标尺。生态民生的理念，正是基于民众对"美好生活"的深切向往，聚焦于通过环境优化来丰富精神文化内涵与提升生活品质，体现了对人与自然和谐共生理念的深刻践行。

回溯历史脉络，我国始终将人与自然的关系置于治国理政的重要位置，视环境保护为关乎人民福祉与民族未来的根本大计。特别是进入新时代以来，党中央更是将生态文明建设提升至前所未有的战略高度，明确将其视为重大社会问题与民生保障的关键环节，彰显了深厚的民生情怀与强烈的责任担当。

面对当前社会依然存在的自然灾害频发、生物多样性受损、资源约束趋紧、环境污染加剧及生态系统退化等挑战，这些现象不仅直接威胁着人民群众的生命财产安全，也深刻影响着社会的和谐稳定与可持续发展。随着社会主要矛盾的转化，人民群众的需求已从单纯的物质满足转向了对更高质量生活环境与精神追求的双重渴望。这一转变，不仅是对个人生活品质的期许，更是对国家生态文明建设成效的检验，其重要性不言而喻。

因此，将"盼生态"视为新时代民生领域的重大议题，不仅是对人民群众环境利益诉求的积极回应，也是推动社会全面进步、实现高质量发展的必然要求。环境作为社会公共产品，其质量优劣直接关系到每一个社会成员的幸福感受，是民生福祉不可或缺的一部分。生态文明思想的提出与实践，正是以此为出发点，致力于通过科学规划与有效治理，促进生态环境的根本好转，为人民群众构建一个空气清新、绿意盎然、水体洁净的宜居环境，让人民群众在享受自然之美的同时，也能感受到发展带来的实实在在的好处，从而实现经济发展与环境保护的双赢。

（五）构建人类命运共同体

在当今全球视野下，生态文明议题已跃升至前所未有的高度，其严峻性与广泛影响不容小觑。自21世纪20年代初以来，一系列环境突发事件，不仅深刻揭示了自然生态系统的脆弱性，也强烈警示了全球人类命运紧密相连的现实。这些事件不仅是对自然生态平衡的严峻考验，更是对国际社会协作共治能力的迫切呼唤，彰显了环境问题已成为超越国界的全球性挑战。

面对这一时代课题，中国以高度的责任感和前瞻性的视野，提出了构建人类命运共同体的重大倡议，为全球环境治理贡献了中国智慧与中国方案。这一理念强调，在地球这一共同的家园中，各国应摒弃狭隘的国家利益观，树立命运与共的意识，携手应对生态环境危机，共同守护人类赖以生存的地球环境。

为将这一理念转化为实际行动，中国积极践行可持续发展战略，从国内到国际层面多措并举。在国内，中国倡导并推动全民参与低碳环保行动，通过教育引导、政策激励等手段，促进绿色生活方式的普及；同时，加快能源结构转型，大力发展清洁能源，减少温室气体排放，为应对气候变化贡献力量。在国际舞台上，中国更是积极倡导并促成《巴黎协定》的达成与实施，为国际社会共同应对气候变化搭建了重要平台，开启了全球环境治理合作的新篇章。

综上，生态文明思想的核心内涵，构成了大学生生态文明教育的重要现实理论支撑。因此，对大学生实施生态文明教育，要坚持以其为思想指引，兼顾新时代的发展需求，推进教育成效落在实地。

二、时代关怀——解决发展需要

新时代，高等教育的持续发展、社会主要矛盾的变化、严峻的环境形势等，都给大学生的生态文明教育带来了新的挑战和新的任务。因此，实施生态相关教育是解决时代发展需要的必然选择。

（一）生态文明教育是新时代美好生活的基石

当前，我国社会的主要矛盾已深刻转型为人民日益增长的美好生活需要和不平衡不充分的发展之间的矛盾。这一论断，不仅标志着我国发展阶段的历史性跨越，也鲜明地凸显了精神追求与生活品质在社会发展历程中的核心地位，尤其是"美好生活"理念的提出，它多维度地涵盖了物质富足、精神充实、环境友好等多方面的综合诉求。

相较于过往社会主要矛盾的表述，这一转变虽未脱离发展与需求的根本框架，却在实际内涵上实现了质的飞跃。随着经济与社会的持续进步，民众的物质基础日益坚实，随之而来的，是对更高层次精神享受、更优生态环境及更加均衡全面发展的深切渴望。这种转变，既是对过往发展成就的肯定，也是对未来发展路径的深刻洞察。

不容忽视的是，经济快速增长的辉煌成就背后，隐藏着环境资源过度消耗与生态系统受损的严峻现实。土地退化、环境污染、气候变化等环境问题频发，不仅削弱了自然界的自我调节能力，更直接威胁到人类社会的可持续发展与人民群众的健康福祉，形成了对"美好生活"愿景的显著制约。这一矛盾，深刻反映了经济社会发展与生态环境保护之间的失衡状态，也揭示了人民群众对高质量生活环境与良好生态环境的迫切需求。

面对这一挑战，加快生态文明建设的步伐，成为破解当前矛盾、满足人民美好生活期待的必由之路。这要求人们在推进经济社会发展的同时，更加注重生态环境的保护与修复，努力实现经济发展与环境保护的双赢。此外，加强生态文明教育，作为提升全民生态文明素养的关键一环，其重要性越发凸显。通过教育引导，促使社会各界形成尊重自然、顺应自然、保护自然的绿色发展理念，共同推动形成人与自然和谐共生的现代化新格局，为人民群众的美好生活奠定坚实的生态基础。

（二）生态文明教育引领高等教育内涵式发展方向

教育是关乎国计民生的重大议题，历来受到党和国家的高度重视，被置于国家发展的优先序列之中。高等教育，作为知识创新与人才培养的核心阵地，其发展水平直接影响到国家未来人才储备的质量与结构。党的十八大以来，高等教育内涵式发展的理念应运而生，为高等教育的新时代征程绘制了蓝图，标志着我国高等教育从规模扩张向质量提升的战略转型。"高教三十条"的出台与实施，更是将这一战略导向具体化、系统化，强调了内涵建设的重要性。

进入新时代，党的十九大进一步深化了对高等教育内涵式发展的认识，明确提出以立德树人为核心使命，坚持党的教育方针，致力于构建全面育人的教育体系。这一体系不仅关注学生的专业知识积累，更强调综合素质与能力的全面提升，旨在培养能够适应国家发展与社会进步需求的高素质人才。同时，高校亦被赋予强化自身建设、争创一流学科与院校的使命，以此作为推动高等教育内涵式发展的强大引擎。

为实现高等教育的内涵式发展，高校须坚守立德树人的教育初心，将学生置于教育的中心，致力于恢复并强化教育的本真价值。在这一过程中，教师与学生的主体性作用尤为关键，须通过激发双方的积极性与创造力，共同促进教育质量的提升。此外，还应深刻认识到教育与文明演进之间的相互促进关系：教育不仅是文明传承的载体，更是文明进步的推动力量；而文明的每一次跃迁，也必然要求教育内容与方式的革新。特别是在生态文明建设的时代背景下，高校更应主动担当，通过生态文明教育的普及，培养具有生态意识、生态伦理、生态价值观及生态实践能力的新时代青年，为社会的可持续发展贡献力量。

（三）生态文明教育促进大学生全面自由发展

在人类社会发展的广阔视野中，个体行为的终极追求，核心在于实现全面而自由的发展，这一理念自国家建立之初便深刻融入党和国家的教育方针之中，成为各阶段教育体系不懈追求的目标。特别是针对大学生群体，作为青年才俊的代表，其身心成长正处于人生轨迹的关键跃升期，恰如时代所喻，处于"拔节孕穗"的黄金时段，亟须科学引导与精心培育，以适应社会变迁与个人成长的双重需求，在新时代的浪潮中扬帆远航，实现自我价值的全面绽放。

全面发展的愿景，对于大学生而言，是综合素质的全面跃升，它超越了单一的知识积累或技能掌握，涵盖了思想境界的升华、专业知识的精深、体魄的强健，以及与时代脉搏同频共振的敏锐感知力。在这一宏伟蓝图中，生态文明素养的培育占据着举足轻重的地位，它不仅是现代公民不可或缺的基本素质，更是推动社会可持续发展、构建生态文明社会的基石。因此，将生态文明教育深度融入大学生培养体系，成为促进其全面发展的重要驱动力。

生态文明教育的实施，旨在通过系统而深入的学习与实践，使学生在潜移默化中树立生态观念，激发对自然的敬畏之心与保护之责，进而构建起以人与自然和谐共生为核心理念的生态伦理观。这一过程，不仅是知识的传授，更是情感的共鸣与价值观的塑造，促使学生将生态理念内化于心、外化于行，形成绿色、低碳、循环的生活方式与行为习惯。

生态文明教育的推进，为大学生搭建了理解并实践人与自然和谐共生理念的平台，助力他们成为生态文明建设的生力军。通过引导大学生正确认识并处理人与自然的关系，培养起尊重自然、顺应自然、保护自然的自觉意识，不仅能够促进个人身心的和谐成长，更为推动社会整体向更加绿色、可持续的方向发展贡献青春力量。

三、生态育人——育人目标要求

"经济人"的大量涌现，催生生态危机的出现，致使"生态人"成为社会的渴求。"生态人"就是指新时代生态建设所需的生态理性达人，具备远大的生态理想、勇敢的生态担当和高超的生态本领。应发展所需，培养"生态人"成为新时代育人的目标和要求之一。

（一）培育有生态价值观理想的人才

价值观是指在思想道德层面支配人的行为活动的一种观念。它影响着人的思维意识、价值追求和情感的倾向。并且价值的标准，上升到精神层面而言，其贯穿于个体的人生信仰之中。因此，正确的价值观念可以帮助人们进行正确的价值选择，进而有助于人们认识水平与实践能力的提高。面对当今世界一系列的生态问题，人们开始醒悟，为了自身的生存和赓续开始极力寻求生态伦理价值。学校作为输出社会所需人才的主场域，自然承担着培养学生，引导其树立生态伦理价值传递之理想的使命和义务。

随着时代的发展，培育"有生态价值观理想"之人已逐渐成为新时代高校思想育人的必然趋势。大学生是有知识、有理想和有激情的群体，对其进行生态环境教育，使其在学习和接受的过程中，以及在唤醒其生态情感与意识，形成生态价值观和实践的同时，引导其能够通过各种形式，主动且自觉地传承与弘扬生态伦理道德和价值，并能够将其带入日常的生活，进而带到社会中，做生态文明价值观的亲身实践者和强有力的传递者。

培育有生态价值观理想之人，需要解放思想，与时俱进，更新教育的理念，确立"天人合一"的教育思想，这是学校开展生态文明教育的基础和前提。在传授知识的同时，学校更应注重引导学生形成正确的价值观，在成长过程中体会生态环境对人生存的意义，体会人与自然之间的那种共生共荣的关系。大学生作为青年群体的重要组成部分，肩负着应对未来环境和气候变化的使命。因此，培育有生态价值观理想之人，做生态文明的坚守者，是高校生态文明教育的重中之重，且任重道远。

（二）培育有生态文明建设本领的人才

为国家培养发展所需人才，是高等教育的重中之重。要实现人与自然大同，建设生态文明社会，就要求教育和培养好人才，不仅要有高尚的思想道德素质，更要有能够运用于实践的真学问和真本领。换言之，既要形成正确的生态文明认知，具备系统的生态理论素养，也要有建设生态文明社会的本领和能力。

因此，"有生态文明建设本领"，就成为大学生顺应时代发展对自身所作的要求，也自然成为高校思想政治教育之于生态文明教育的重要目标之一。那么，这就要求高校要将生态文明教育落实到高等教育过程中的各个方面，落实到学生个人，注重学生的生态文明建设本领和实操能力的培养。从思想意识上切入，使其能够从内心深处意识到自己所承担的保护环境的责任和义务，进而在面对生态环境危机时，能有意识地参与其中，促进环境保护和发展。社会文明的演进、民族的赓续，需要有愚公移山般的毅力和勇气，在一代又一代人的接续努力中，才能实现。

在国家"五位一体"总体布局中，生态文明建设这一"局"的实现，也离不开一代又一代人的接力奋斗。大学生所处的阶段，生理及心理年龄已逐渐成熟，在知识的学习和接受上，有着较高的能力，能够快速吸收知识，并内化掌握技能。因此，作为国家未来发展和赓续的重要承载者，对其进行相关教育，培育其生态审美和生态道德情感，提升其整体生态素养和生态实践技能，是高校立德树人中育人目标——育"有生态文明建设本领"之人的生动体现。

（三）培育有人类命运共同体担当的人才

新时代，面对新的环境资源问题，国家生态文明建设需要大量的生态人才，即"生态人"。这不仅要求其具备生态文明价值理想和生态文明建设的本领，更要求其有审视全局、放眼世界、焦聚人民的道德意识和担当。

在对人与自然关系思考的基础上，放眼全球，将人类整体命运与地球生态环境连接在一起，认为其同属于一个生命共同体，并提出了构建人类命运共同体的全球生态理念，提升了生态文明的道德和价值高度，更对生态人才培养提出了要求，并明确了方向。

青年一代作为国家的未来和希望，尤其是大学生群体，更应该做好时代的引领者，在促进自身全面发展的同时，增强对人生问题的追问，不断充实与丰富生命和生态知识，提升生态伦理道德，增强责任感和使命感，主动地担当起构建人类命运共同体的时代大任，进而不断地去探寻终极道德生命的价值和高度。高校作为助力这一育人目标实现的主阵地，应明确职责，采取多途径、多方式做好大学生的生态文明教育，尤其是要帮助大学生形成非功利性的行为动机，即建立起自觉的生态伦理道德意识，厘清人类与环境命运与共，增强大学生建设生态文明的责任感与担当心，明确其人类命运共同体构建的承载者与实践者的身份和担当，进而实现培养生态引领者的目标。

第三节 大学生生态文明教育的价值追求

教育，即为社会发展培养所需之人的活动。教育的价值体现在发展个人、服务社会。生态文明教育所要追求的价值，就是要从下往上实现需求的根本性和深层次的变革，要根除传统的思维方式和价值观念，建立起科学的人与自然关系的认知和价值体系，追求人与自然和谐、社会文明整体推进、实现人的全面发展。

一、人的全面发展

在共产主义社会的愿景中，个体的自由而全面发展被置于核心地位，视为全体成员实现相同目标的基石。这一构想根植于对人类社会本质的深刻理解，即在共产主义社会中，个体将摆脱外在束缚，作为独立而完整的存在，充分享有自身权利，包括构建和谐的社会关系，实现无碍的实践自由。这一转变不仅标志着个体从奴役与压迫中彻底解放，更是对人性本质的复归，让每个人都能体验自由、快乐与幸福的真谛。同时，共产主义理想的追求过程，也是个体自我完善与不断超越的旅程，最终实现人的全面解放。

人的全面发展是一个多维度、深层次的概念，它超越了单纯的物质满足，触及精神生活的深层需求。精神生活作为人类存在的内在维度，承载着意识、情感、道德等核心要素，为人的全面发展提供了不可或缺的内在支撑与动力。随着物质生活条件的日益改善，社会开始聚焦于精神世界的丰富与升华，反映出人类对自身存在状态的深刻反思与积极追求。

在当前全球背景下，面对经济发展与环境保护之间的紧张关系，特别是功利主义驱动下对自然资源的过度开采与破坏，引发了广泛的生态危机，威胁到人类的可持续发展与全面进步。对此，生态文明教育作为一种积极的回应，被赋予了重要的时代使命。它不仅是一种知识传授或技能训练，更是一种深刻的精神生产实践活动，旨在通过提升人们的生态认知、塑造生态文明精神、引导绿色行为选择，从而促进人与自然和谐共生的新型人类形态——"生态人"的生成。这一过程，是对既有生存状态的批判性审视与超越，通过不断地自我否定与再肯定，实现个体在生态意识、行为方式及存在状态上的全面升华，最终达到人与自然、人与社会、人与自我之间的高度和谐统一。

因此，生态文明教育要发挥思想保障作用，帮助大学生群体更快地厘清环境与人发展的内在联系，积极宣传和弘扬绿色健康的生态文化，从思想认知和价值观念上出发，促使自身和社会民众主动改善生态环境现状，与自然和谐相处，使其的行为方式与价值选择更加符合生态文明社会的要求和标准，践行生态行为，进而促进每一个人自由全面地发展。

二、人与自然和谐共存

面对当前世界所处的局势和地球生态环境的整体状况，人应该如何自处，与社会、与自然界又该如何有序共存，成为摆在国家、民族发展道路上的重点课题。生态文明教育意在从精神意识层面出发，从根本上建立起大学生对自然与人的内在关系的认知，形成人与自然大同的伦理价值追求，并躬行于实践。

人与自然的大同境界，即追求一种深度和谐共生的状态，其核心在于构建人与自然之间内在和外在双重维度的和谐统一。内在和谐的深层次追求，在于推动人性的全面复归与自由发展，这要求个体在精神及意识层面深刻领悟自然法则对人类生存与发展的根本性意义。它促使人类深刻认识并尊重自然赋予的生命维系与文明延续的基础需求，明确自然界对人类行为的内在约束与引导，进而在伦理认知与道德情感上树立起对自然的敬畏之心和爱护之情。这一过程激发了人类内在的善性，促使人们形成基于自然法则的良心自律，从而在遵循宇宙规律、顺应自然节律的前提下，开展实践创造活动，既满足人类生存与发展的合理需求，又维护了自然生态系统的稳定与平衡，实现了人的自我实现与自在自为的和谐状态。

外在和谐则体现在人类实践活动与自然环境的和谐共生之中，是人类利用与改造自然过程中展现出的积极成果。它要求人类在改造自然的过程中，不仅追求经济效益与社会进步，更要注重生态保护与可持续发展，使自然万物在人类的智慧与劳动中得以优化和提升，形成"人化自然"的和谐景观。这一过程不仅赋予了自然以人类文明的印记，更促进了自然生态系统的多样性与完整性，构建了一个既美丽又和谐的外部世界。

内在与外在的和谐统一，是相互依存、相互促进的辩证关系。内在和谐为外在和谐提供了精神动力与道德支撑，而外在和谐则是内在和谐在实践层面的具体体现与深化。唯有在两者相互促进、协同发展的基础上，才能真正实现人与自然的大同理想，构建起一个既满足人类发展需求又维护自然生态平衡的和谐社会，为人类的永续发展奠定坚实的基础。

因此，大学生生态文明教育应以人与自然内在同外在的和谐统一为价值追求。要将大学生内心的善激发出来，回归人性最初，使其清晰地认知人类在自然界中的位置。回归自然本身，去汲取大自然生存和发展的智慧，真正尊重自然、合理利用和改造自然，使生态系统中的各要素协调发展，进而达到人与自然内在同外在相统一的大同境界。

三、推进社会文明发展

社会文明，其本质是物质文明与精神文明协同并进所达至的和谐状态。物质文明聚焦于人类对自然界的积极利用与改造，彰显于物质生活品质的跃升及生产方式的革新之中；而精神文明深耕于人类思想意识的沃土，涵盖品质修养的磨砺、价值追求的升华及综合素质的全面提升。在这一框架下，生态文明教育作为推动社会文明进步的关键力量，其重要性尤为凸显，尤其体现在通过教育主体——人的素质提升，间接或直接地促进物质与精神文明的双重发展。

具体而言，大学生作为社会进步的重要力量与未来生态和谐社会的核心建设者，其生态素质的培养对社会整体发展路径具有决定性作用。生态文明教育不仅旨在提升大学生的环境认知能力与实践技能，更深远地，它促进了学生群体环保意识的觉醒与生态责任感的增强，从而有效助力物质文明建设，通过绿色创新、资源高效利用等方式，推动社会经济可持续发展，提升民众的物质生活品质。

在精神文明建设层面，生态文明教育扮演了不可或缺的角色。它深度融入社会主义文化建设与思想道德建设的全过程，通过系统的教学引导、文化熏陶与情感共鸣，激发大学生对生态美的感知与追求，培育出具备生态审美素养与科学消费观念的现代公民。这一过程不仅丰富了社会主义文化的生态内涵，促进了生态文化的繁荣与发展，还深刻影响了大学生的精神世界，使其在道德信仰层面树立起尊重自然、保护环境的崇高理念。进而，在复杂多变的社会环境中，大学生能够秉持正确的生态伦理观，以科学理性的态度践行低碳生活、节约资源等绿色行为，成为引领社会风尚、推动生态文明建设的先锋力量。

第三章　大学生生态文明教育的体系架构

在21世纪这个充满希望与挑战的新时代，随着全球对可持续发展和环境保护认识的不断深化，大学生作为社会进步与创新的生力军，其生态文明素养的提升成为了推动社会绿色转型、实现人与自然和谐共生的关键力量。在此背景下，构建一套科学、系统、积极正向的大学生生态文明教育体系，不仅是对当前环境问题的积极回应，更是对未来可持续发展蓝图的精心绘制。

第一节　大学生生态文明教育的目标定位

生态文明教育的目标，就是生态文明教育所期望达到的结果。它规定了生态文明教育的内容及其发展方向，是生态文明教育的出发点和归宿，制约着整个生态文明教育活动的进展情况。目标的科学性直接关系到生态文明教育的成效，生态文明教育要取得成功，一个基本的前提是必须有一个科学的目标。只有目标正确，才可能为生态文明教育的实施确立正确的方向，使之沿着正确的轨道发展，从而取得良好的效果。

一、生态文明教育的最终目标

生态文明教育的最终目标在于通过全面的教育途径，提高社会成员的生态文明素质和相关行为能力，旨在使其逐渐树立生态文明信念，并在日常生活和生产实践中自觉践行生态文明理念。通过家庭、学校和社会的多层次教育，生态文明教育致力于培养具备科学生态观、适应社会发展需求的生态公民。

第一，家庭教育承担着最初的环境意识启蒙任务。通过家庭成员的言传身教，青少年在日常生活中逐步养成良好的生态习惯，树立基本的生态意识。

第二，学校教育不仅应在课程设置中融入生态文明相关内容，还应通过各种实践活动，引导学生将理论知识转化为实际行动，提高其生态行为能力和环保意识。

第三，社会教育需要政府、企业、非政府组织和媒体等社会各界的共同努力，创造一个良好的生态文化氛围。通过宣传教育、法律法规的制定与执行、社区活动等多种形式，增强社会成员的生态责任感和环保意识，使其在生产生活中自觉履行生态责任。

生态文明教育的最终目标不仅在于知识的传递，更在于观念的塑造和行为的规范。通过系统的生态文明教育，社会成员能够形成科学的生态观，增强生态行为能力，并在社会各个层面积极践行生态文明理念，推动生态文明建设向更高水平迈进。适应社会发展需要的生态公民是生态文明教育的产物，他们不仅具备较高的生态文明素质，还能在社会发展过程中发挥积极作用。通过生态文明教育，他们能够在日常生活中自觉践行环保理念，在职业生涯中推动绿色发展，并在社会活动中倡导可持续发展模式。生态文明教育的最终目标在于实现人与自然和谐共生，推动社会可持续发展。通过全面的生态文明教育，社会成员能够树立生态意识，增强环保行为能力，自觉践行生态文明理念，从而为建设美丽中国、实现生态文明建设目标贡献力量。这一目标的实现，对于促进社会的可持续发展和实现人与自然的和谐共生具有重要意义。

二、生态文明教育的具体目标

"生态文明教育是建设生态文明、实现美丽强国梦的基础条件。"[①]生态文明教育的具体目标在于通过系统化的教育方式，全面提升社会成员的生态意识、生态知识和生态行为能力，旨在培育具有科学生态观念和实践能力的生态公民。

（一）生态文明教育具体目标的结构

1. 生态文明的认知

生态文明认知是指人们对生态环境客观状况的认识，包括对生态环境的基本常识及人与自然关系的价值态度。认知的过程需要通过心理活动对客观事物进行加工，形成概念、判断和推理，从而获得知识。生态文明认知不仅涉及对人类之外的生态环境的全面了解，还涵盖了人类自身与外部生态环境的相互关系，乃至

①李琰. 生态文明教育立法研究 [D]. 湖北：华中师范大学，2021：1.

人与人、人与社会相互关系的认知。

生态文明认知包括对生态现象的表面描述、深层原因和规律的把握，还涉及对自然万物的价值性评价和对人类行为方式的恰当性评价。这种认知层次的多样性使得生态文明认知不仅是对生态环境的认识，更是对人与自然关系的全面理解。在生态文明教育体系中，生态文明认知为生态文明情感提供了现实的素材和依据，使情感有了现实依托。同时，生态文明认知为生态文明行为提供了行动的指南和方向，促使行为朝着符合生态环境和社会发展需求的方向发展。

生态文明认知的提升不仅是个人全面发展的需要，更是实现社会和谐发展的重要保障。系统的生态文明教育，使每一个社会成员都能形成正确的生态认知，理解生态环境的重要性，自觉参与生态保护行动，逐步形成全社会共同参与的生态文明建设格局。这种认知的提升需要通过家庭、学校和社会多方面的共同努力，通过多种教育手段和方法，使生态文明理念深入人心，为实现美丽中国和生态文明社会的目标奠定坚实的基础。

2. 生态文明的情感

情感是人对客观事物是否满足自己的需要而产生的态度体验。生态文明情感是人们在现实生活中对自然万物、生态环境，以及人与自然关系等方面表现出来的一种爱憎好恶的态度。它是一种非智力因素，是认识转化为行为的催化剂。生态文明情感是人们对山川湖海、各种动物、植物乃至整个地球发自内心的尊重、热爱、赞美等情感体验。这种情感的萌生主要源于两个方面：

（1）自然物能够满足人的审美需要，人们在审美过程中会油然而生对自然的敬仰和爱惜之情。

（2）自然界是满足人的生存需要和提高人的生活质量的原始基础，对此有深刻认识的人们会对自然产生出一种类似于儿女对母亲的认同、依恋、感恩和爱护之情。

生态文明情感在生态文明认知基础上形成，是对生态文明认知的深化和发展，是生态文明观念形成的催化剂。通过生态文明情感，可以将外在的客观环境与内在的自我意识建立联系，并积极影响生态认知，在此基础上，共同促进生态行为的产生。通过情感体验，转化受教育者的生态认知，培养其尊重自然、关爱自然、保护自然的生态文明情感，并使之逐步向日常行为习惯转化，从而达到提高全体社会成员生态文明素质的目的。所以说，生态文明情感是受教育者心理在生态认知基础上的进一步提升，是对应生态行为表现的前提条件，培养社会成员的生态文明情感是生态文明教育的重要目标之一。

3. 生态文明的意志

意志指人们在实现某种理想目标或履行特定义务的过程中，积极排除障碍、克服困难的毅力。同时，意志是产生特定行为的内在引擎，是体现主体认知程度、调节主体行为活动的精神力量。一个人良好行为习惯的形成，就是在其坚强意志力的作用下促使相应的行为反复出现并能够长期坚持。

生态文明意志是人们在具备生态文明认知和情感的基础上，在生产生活中自觉克服困难、排除障碍而践行生态、环保、节约等文明理念的毅力。生态文明意志的练就是在获得了基本生态文明认知，培养了尊重自然、热爱自然情感基础上，个人生态文明素质的进一步提升。这种意志是主动驱使人们自觉承担保护生态环境的责任与义务的行动意识，人类正是通过这个意志向自己发出承担保护生态环境责任的行动指令，进而付出保护生态环境的合理行动。它可以命令我们在实际行动中要保护环境而不能破坏环境，要节约资源而不能浪费资源，要绿色消费而不能过度消费。

生态文明意志的练就要以生态文明认知与生态文明情感为基础，当生态文明认知和情感发展到一定阶段，就会相互作用而形成生态文明意志，生态文明意志一旦形成总是牵动、引导内心的活动朝着好的方向采取实质性行动。生态文明意志对于生态文明素质的提高和生态文明行为的养成具有关键性作用，是生态文明教育具体目标的进一步提升。社会成员的生态文明意志不是与生俱来的，是需要教育引导和实践锻炼的，因此，把锻炼社会成员的生态文明意志作为生态文明教育的一个重要目标，既是实现生态文明教育目的的需要，也符合人的心理发展规律。

4. 生态文明的信念

信念是人们在认知、情感和意志基础上的进一步深化，代表着内心深处对某种理论或规范的正确性、科学性的虔诚信任。信念在连接思想认识与行为活动方面起着桥梁和纽带的作用。某种认知，经过理性思维的提升和人生经历的反复检验，才能上升为信念，进而成为行为活动的指南。信念是被个体理解和情感肯定的认识，并带有个体坚持与固守这种认识的意志成分。因此，信念是深刻的认识、强烈的情感和顽强的意志的有机统一，其基础是承担某种义务的社会实践活动。信念比认知、情感和意志更具持久性、稳定性和综合性，在个人综合心理素质中处于核心位置，对个体在实践中的行为选择具有决定性作用。

生态文明信念是人们对人与自然和谐的生态价值、保护环境与维护地球生态平衡的责任意识的深刻认识和坚定信仰。这种信念体现了热爱地球、热爱自然、珍惜资源、珍爱生命的生态道德，是超越人类中心主义和生态中心主义，树立整体主义和和谐主义的生态发展理念。生态文明信念的形成是在认知、情感和意志基础上的自然升华，是指导生态文明行为的直接引擎。只有在思想意识中对生态文明的知识理论与价值观念深信不疑，才能将这些理念切实贯彻到现实生活中。生态文明信念保证了个人行为生态化的持久性与稳定性。因此，树立生态文明信念是生态文明教育目标的高层次表现，是衡量一个人生态文明素质的重要指标。通过生态文明信念的培养，人们能够在日常生活和社会实践中自觉地维护生态平衡，实现人与自然的和谐共生，推动生态文明建设的持续发展。

5. 生态行为的习惯

行为是在认知、情感、意志及信念的调控下，主体主动按照思想信念中的道德规范与是非标准进行的实际表现。行为是人们知识水平及道德素养的综合体现，是衡量个人道德品质与思想素质的根本指标。这里所指的行为并非偶然性行为，而是指人们经常表现出来的习惯性行为。偶然性行为不能如实反映其思想素质水平，而习惯性行为则可以较为客观、全面地展现一个人的思想素质。同时，多次重复的行为一旦形成习惯，这种行为习惯又可以促进个人认知的加深、情感的培养、意志的坚定及信念的固化。

生态文明教育的最终目标是使社会成员养成良好的生态文明行为习惯。人们对生态文明方面的认知、情感、意志和信念最终都要通过行为习惯来体现。生态文明习惯是指人们在日常生活中能够不假思索地做到节水、节电、爱护花草、绿色出行、垃圾分类等。这意味着，人们在思考问题、处理事务时，能够自觉地以对环境、资源、其他动植物乃至整个生态平衡的积极影响为出发点。

生态文明习惯的形成不是一蹴而就的，而是一个复杂的心理过程。生态文明习惯需要在相关认知的基础上滋生积极的情感体验；在情感升华的基础上形成坚强的意志；在持之以恒的意志力作用下固化为稳定持久的信念。有了关于生态文明的坚定信念，生态文明习惯才能够水到渠成、自然养成。这是一个完整的心理发展过程，也是把相关知识内化为信念，再外化为实际行动的过程。

（二）实现生态文明教育目标的具体要求

实现生态文明教育目标的具体要求主要包括以下五个方面：

第一，提升生态意识。生态文明教育旨在增强社会成员对环境保护和生态平衡重要性的认识，使其意识到人类活动对生态系统的影响。教育能使学生认识到环境问题的紧迫性和严重性，培养其生态道德观念和责任感，树立尊重自然、保护环境的生态价值观。

第二，传播生态知识。系统的生态文明教育需要在课程中融入生态学、环境科学等相关知识，通过理论讲授和实践活动，使学生掌握基本的生态知识和环境保护技能。教育应涵盖生态系统的基本原理、环境污染的成因与治理方法、生物多样性保护等内容，帮助学生理解生态文明的科学基础。

第三，培养生态行为能力。生态文明教育不仅要传授知识，还要注重培养学生的生态行为能力。通过参与环保实践活动，如垃圾分类、节能减排、植树造林等，学生在实际行动中体验和践行生态文明理念，养成良好的环保习惯。教育应注重实践与理论的结合，鼓励学生在生活中运用所学知识，自觉采取环保行为。

第四，促进社会责任感。生态文明教育要培养学生的社会责任感，使其认识到保护环境不仅是个人的事情，更是全社会的共同责任。教育能够使学生懂得在家庭、学校和社会中如何发挥自己的作用，积极参与生态文明建设，推动社会的可持续发展。

第五，增强创新意识。生态文明教育应激发学生的创新意识，鼓励其探索和研究生态环境保护的新方法与新技术。创新教育能够使学生具备解决生态问题的能力，推动环保科技的发展，为实现生态文明目标提供智力支持。

第二节　大学生生态文明教育的重点内容

一、生态理念教育

"生态文明是人与自然高度和谐的文明，生态文明建设是中华民族永续发展的千年大计。生态文明教育是为了引导学生树立尊重自然、顺应自然、保护自然的发展理念，养成勤俭节约、低碳环保、自觉劳动的生活习惯，形成健康文明的生活方式。"①生态理念教育强调对自然环境的尊重与保护，倡导人类与自然和谐共生。通过生态理念教育，个体能够认识到自身行为对环境的影响，并培养出负责任的环境行为。

（一）生态文化观

生态文化是一个循序渐进的过程，由人统治自然的文化发展到人与自然和谐相处的文化，是培植生态文明的基础。生态文化的传承和弘扬，推进了生态文明的建设进程。

1. 生态道德观

道德是社会意识形态的一种体现，是能够调整人与人之间及人与社会之间的行为规范的综和。自古以来，道德观念是人们所特有的、只对人类讲的一种道德。但是当今社会，环境污染已经日益危害到人类的生存，进而需要人类深刻地对自己的行为进行反思，重新审视人与自然的关系，将人与自然的关系纳入道德的领域中，构建生态伦理道德观。生态道德观从新的视角建立了人与自然的关系，它从维护自然环境，保护生态平衡的目的出发对人们的行为予以道德约束。其核心思想就是代际、代内、人地等三大公平。

（1）代际公平

代际公平旨在确保当代人与后代人能够公平地享受自然资源，强调当代人

---

① 高颖. 生态文明教育须"知行合一"[J]. 江苏教育，2023（43）：48.

应承担环境保护责任，实现人与自然和谐共生。当代人在面对利益冲突时，常因短期利益而忽视环境保护，导致生态系统失衡，甚至威胁人类的生存与可持续发展。因此，应树立既满足当代需求又不损害后代生存安全的理念，避免因过度消耗资源而断绝人类发展的延续，应为后代留下可持续发展的资源与环境。

（2）代内公平

代内公平强调人类在利用自然资源时应保持公平。地球上的自然资源对所有人类都是公平的，无论国家贫富，资源应平等共享。因此，在发展过程中，任何国家都不应为了自身发展而损害其他地区或国家的利益。代内公平的实现需要消除地域间的贫富差距，缩小发达国家与发展中国家的差距，促进全球资源的公平分配和利用。

（3）人地公平

人地公平要求人与自然界保持公正关系，不仅从人类自身利益出发，更须有效结合人类、社会和自然环境。人类应为自然环境的可持续发展控制自身行为，合理利用和改造自然界，维护生态系统的完整性，保护生物多样性。这不仅有利于生态平衡，也为人类的长远发展提供了坚实的基础。人地公平强调人类与自然共生共荣的理念，是生态文明建设的重要组成部分。

2. 生态价值观

"生态价值观是社会意识形态中的价值意识，关系到社会的发展方向和个人的生产生活。"[1]生态价值体现为"自然价值"，即自然物之间，以及自然物对整体自然系统的功能。在生态环境中，生态价值不仅包括自然物所具有的"资源价值"，还包含一定的"经济价值"，以及适合人类生存与发展的"环境价值"。

作为生命体，人类的生存依赖于适宜的生态条件，这些条件包括具有生命气息的土壤、干净的水源、适合呼吸的空气、适宜的温度、必要的动植物伙伴和适量的紫外线照射等。这些自然条件共同构成了一个适合人类生存与发展的环境，成为人类的"家园"，是人类生存的"生活基地"。因此，对人类而言，"生态价值"即"环境价值"。

生态价值观不仅关注自然资源的直接利用，还强调生态系统的整体健康与功能。维护生态平衡、保护生物多样性、保障生态系统的可持续性，这些都是生态

① 特力更. 生态价值观的多维解读 [J]. 内蒙古社会科学, 2013, 34（2）: 29.

价值观的重要组成部分。生态价值观要求人类在追求经济发展的同时，必须兼顾生态环境的保护，确保自然资源的可持续利用，从而实现人与自然的和谐共生。这种价值观引导人们认识到自然环境对人类生存与发展的根本重要性，促使社会各界共同致力于生态文明建设，为人类的长远福祉奠定坚实的基础。

（二）生态发展观

生态发展理念强调要优先发展生态，并以此作为评价人类经济活动的方式，进而制定经济政策和经济发展战略。生态发展的观点主要针对的是以传统经济发展为目标，对传统经济所造成的严重后果做出解决的方案。经济发展不应当损害基本生态过程，要在经济发展的同时注意建设环境和保护环境，即经济与生态全面发展的观点。

1. 生态安全观

生态安全观是指在整个生态系统中，维持健康和完整的生态状态，尤其在生态发展过程中，减少各种风险，使人类的生产和生活免受生态环境破坏的影响，从而保障人们日常饮食安全、空气质量安全及拥有绿色环境等。一个安全的生态系统不仅能够在一定时间内维持自身的结构和功能，还具有抵抗威胁和自我修复的能力，既能满足人类需求，也能自我修复。前提是要保持人口稳定、社会经济与生态环境的协调发展。

生态安全与国防安全、经济安全和金融安全等同等重要。它是国家安全和区域安全的重要组成部分。维护全球和区域性的生态安全、环境安全及经济的可持续发展已成为国际社会和人类的共识。生态安全的内涵丰富，具备完整性、不可逆性和长期性等特点。

完整性指的是生态系统各要素之间的有机联系和相互作用，任何一个环节的破坏都会对整体生态系统产生深远影响。不可逆性强调一旦生态系统遭受严重破坏，其恢复将十分困难，甚至不可恢复，因此预防生态破坏比修复更为重要。长期性则指出生态系统的变化和恢复过程需要较长时间，需要人类在长期的视野下进行规划和管理。

生态安全观要求在发展经济和社会的过程中，必须充分考虑生态环境的承载能力和保护要求，防止环境污染和生态破坏。通过加强环境保护、推进绿色发展、倡导生态文明建设，才能实现人与自然的和谐共生，确保生态安全。这不仅是当前发展的迫切需求，更是为子孙后代谋求长远福祉的重要保障。

2. 绿色科技观

绿色科技观涵盖了能源节约、环境保护及绿色能源等多个领域，成为世界经济发展的主要动力。其核心在于开发高效、节约和环保的绿色科技产业，包括绿色产品的设计与开发、绿色生产工艺的改进、新型绿色新能源和新材料的探索，以及改变消费模式，实施绿色政策和法律法规，并研究相关环境保护的理论、技术和管理。绿色科技促进了人类的可持续生存和发展，实现了人与自然的共存共生。

（1）发展绿色化学。由于化学和化学工业一直是环境、生态和人类健康危害的主要来源，化学家将无污染、无公害、无毒性的环保型化学生产技术纳入研究范围，推动化学工业的"绿色化"，以减少其对环境的负面影响。

（2）开发环境洁净技术和友好技术。环境洁净技术涉及绿色科技中洁净能源的开发和应用，而环境友好技术则优先考虑环境无害标准，确保其在满足经济效益的同时，最大限度地减少对环境的损害。

（3）制定绿色政策并推动绿色市场发展。各国为实现可持续发展而制定的相关制度、法规和标准，即绿色政策，为绿色科技的发展提供了保障。随着绿色理念深入人心、环保意识的增强，绿色产品受到广泛关注，各类绿色食品、绿色建筑、绿色材料和绿色能源应运而生，形成了一个蓬勃发展的绿色市场。绿色科技支撑的绿色市场，有望成为仅次于信息技术的产业。

绿色科技观代表了一种新型的人与自然的关系，强调治理环境污染，维护自然生态平衡的发展理念。这一理念不仅关注当前的环境保护，更注重为未来的可持续发展提供坚实的基础，确保人类与自然的和谐共存。

3. 可持续发展观

可持续发展指的是经济、社会、资源和环境之间的协调发展，这属于一个相互依存的系统。保护环境是实现经济可持续发展的关键，同时也是人类长久生存的关键，使人类的子孙后代能够安居乐业。环境保护是可持续发展的重要组成部分。可持续发展最主要的核心是发展，但是同时也要严格地控制人口、提高人口的素质，这需要在保护环境资源的前提下进行。可持续发展追求整体协调，共同发展。其基本特征就是经济可持续发展、生态可持续发展和社会可持续发展。

（1）可持续发展鼓励经济的增长，强调经济增长的重要性，通过经济增长提高人们的生活水平，增强国家实力和社会财富。但是实现可持续发展不仅要重视经济增长的数量，更要注重经济增长的质量。

（2）可持续发展是在生产和生活的过程中，资源能够被永续利用，生活的环境也能够一直保持良好的状态，同时经济和社会发展也持续前进。要实现可持续发展，必须使可再生资源的消耗低于资源的再生率，使可不再生资源能够被其他资源所替代补充。

（3）可持续发展的目标是谋求社会的全面进步。可持续发展观认为，在发展的过程中应当以改善人类生活环境、提高人类健康发展为前提，创造出一个平等、自由的社会环境。在人类可持续发展的系统中，以经济发展为基础，以自然生态保护为条件，促进社会的进步才是目的。

二、生态道德教育

"开展生态道德教育，依靠教育来转变人们的思想认识，树立新的生态道德观念。大学生作为社会的新生力量，是未来的建设者、决策者和执行者，他们的生态道德观念和生态道德素养事关美丽中国梦的实现。"[1]

（一）生态道德教育的意义

生态道德教育对可持续发展和解决生态问题具有重要意义，是提高人们生态意识和道德素质的关键手段。教育能够改变人们的态度，培养生态意识和道德意识，推动可持续发展和公众有效参与决策，生态道德教育在多方面发挥着至关重要的作用。

第一，生态道德教育是解决生态危机的根本途径。自工业革命以来，随着科学技术的进步和人类对物质需求的无限增长，环境污染和生态危机日益加剧。要从根本上解决这些问题，就需要全人类进行生态道德教育。通过各种教育方式和途径，改变人类以往错误的生态观念，树立正确的生态价值观，使人们发自内心地爱护自然、保护环境，并自觉承担起维护生态系统平衡的责任。

第二，生态道德教育是培养生态公民的重要举措。生态公民是指具有生态文明意识并积极致力于生态文明建设的现代公民，是生态文明建设的主体。生态公民的培养是生态文明制度体系建立和运转的前提。生态道德教育通过培养公民的生态认知、生态情感、生态理性和生态行为，成为培养和塑造生态公民的关键。理性的生态公民是构建生态文明与生态和谐社会的基石。

第三，生态道德教育是建设生态文明的本质要求。生态文明以保护生态环境为主旨，以人与自然的可持续发展为目标，是人类文明的更高形态。生态道德建设是生态文明建设的重要组成部分，生态道德教育活动从根本上改变人们以往在与自然交往中持有的错误观念和态度，为生态文明建设提供坚实的道德支撑，促进生态文明的实现。

第四，生态道德教育是构建生态和谐社会的必由之路。生态和谐社会是指人与自然和谐相处的社会，其实现很大程度上取决于公民的生态素质和修养。生态道德教育是提高公民生态素质和修养的前提条件，是推动生态和谐社会建设的关键因素。生态和谐社会作为生态道德教育的存在载体，通过加强生态道德教育，可以有效提升公民的生态素养，推动生态和谐社会的构建。

（二）生态道德教育的内容

生态道德教育的内容非常丰富，目前已基本形成共识的生态道德教育内容具体包括以下四个方面。

第一，生态善恶观。善与恶是衡量道德规范的一个重要尺度。生态善恶观认为，人与自然环境是整个生物圈中不可分割的一部分，都具有其不可忽视的内在价值。人们如果能够尊重和热爱自然界中的一切生命，实现人与自然的和谐共处，就是"善"。"善"是保持生命、促进生命，使可以发展的生命实现最高价值。

第二，生态平等观。平等作为一种道德范畴，是人类社会的一种基本价值追求，是调节人们相互关系的一种行为准则，也是分配权利和义务时所必须遵循的价值尺度。生态平等观认为，人与自然是平等的，人类应该尊重生态系统中的一切生命，即尊重所有的动物和植物，以保证生态系统的和谐发展。因此，生态平等观要求人类绝不能将自己凌驾于其他生命之上，更不能只顾自己的需要而不顾其他生命的存在。

第三，生态正义观。正义作为一种道德范畴，是指符合社会大多数人群及阶层的道德原则和规范的行为，其体现了对社会弱势群体的关爱。从某种意义上讲，正义就是善。生态正义观就是个人和社会集团的行为原则要符合生态系统平衡的原理、符合生物多样性的原则、符合全球意识和世界人民保护环境的愿望、符合"只有一个地球"的世界生态共同利益。生态正义观要求人类的生产活动必须遵循自然规律，坚持可持续发展原则，最终实现人与自然的和谐共生。

第四，生态义务观。与权利相对，义务是指人们在政治和法律上所必须承担的责任与使命。人类之所以要承担生态义务，是因为人类并不是孤立存在的，而是无时无刻不在与自然界和其他生物发生着关联的。生态义务观认为，人类是大自然中的一员，生态环境与人类的生存和发展息息相关。因此，人类在开发和利用自然的同时，必须履行相应的责任和义务。

（三）生态道德教育的保障

生态道德教育的保障措施是指为了保证生态道德教育工作的顺利开展而建立的外部支撑和支持。生态道德教育作为生态社会系统中的一部分，与文化、政治和经济范畴相互影响、相互作用、相辅相成。只有建立起完善的文化、政治和经济保障，才能使生态道德教育落到实处，才能使生态道德教育达到真正的目的和效果。

1.加强文化建设

文化就是指一个国家或民族的历史、风土人情、传统风俗、生活方式、行为规范、思维方式和价值观念等。文化与教育是相互影响、相互制约的关系。文化影响教育的目的、内容和方法，而教育对文化具有促进作用。加强生态道德教育需要良好的社会文化底蕴作为支撑。目前，我国的社会文化中存有令人遗憾的功利气息，使得教育也越来越走向商业化。因此，必须加强国家主流核心文化建设，加强社会公德和整个道德体系的建设，为生态道德教育的开展创造一个良好的社会环境和伦理氛围。

生态道德教育就是要培养公民的生态精神。生态精神的实质内涵就是：要有超越利润之外的生态精神，要有全心全意献身自然的品质，要有纯正的自然理智与环保勇气，要有自然的胸怀与对生态共同体的承诺，要有平等的意识与自我实现的精神，要有信心改变自然世界以达到更美好的生态境地，要保持开放与进步的生态潮流，要积极迎接新鲜事物的挑战并及时做出调整，要善于思索并养成生态问题意识，要具有自我反省与反思的自然能力和习惯，要能够倾听来自社会与人群的声音，要以沟通和传播永葆人与自然共处的幸福真理，要启迪"真、善、美"气质在人间的源远流长，要有宽容异己的自然包容心，要有对生态理想的执着追求。

因此，生态道德教育的关键是要确定科学、合理的生态教育内容体系以及选择使"自然之思"不误入歧途的生态教育路径。

2. 完善法律制度

道德与法律作为人类社会的两大行为规范，相辅相成，互相支持。完善法律制度是实现生态道德教育目标的重要保障。道德的约束是软约束，缺乏法律手段的支持，往往显得软弱无力。生态道德的规范作用主要依靠人的内在良知，但对那些只追求经济利益而忽视生态环境保护的企业和个人，单靠生态道德教育难以奏效。为此，建立和健全相关的法律保障机制显得尤为重要。法律具有强制性，对严重破坏生态环境的行为能够进行及时、有力的制裁，从而为生态道德意识的确立提供坚实的保障。如果对这些行为缺乏法律的制约，生态道德教育的效果将大打折扣，社会的生态文明建设也将难以取得实质性进展。

在生态道德教育中，法律的硬约束与道德的软约束相结合，可以更有效地推动社会公众的生态道德意识的形成和巩固。通过法律手段，可以对破坏生态环境的行为进行有效的监督和惩处，形成强大的威慑力，使生态道德教育的效果得到全面提升。

完善的法律制度不仅是生态道德教育的有力保障，也是社会生态文明建设的重要基石。法律的强制力，可以规范企业和个人的行为，促使其自觉遵守生态道德规范，保护生态环境。同时，法律的实施还可以推动社会各界加强生态环境保护的意识，形成全社会共同参与生态文明建设的良好氛围。

3. 加大经济支持

我国各级地方政府应加大对生态道德教育的基本投入，确保其开展获得充足的物质保障。政府应通过多种渠道筹措环保资金，对与生态环保相关的企业实行税收减免或提供信贷扶持，建立专项基金以奖励对生态保护作出贡献的公民，从而全力保障生态道德教育工作的顺利进行。

除政府部门外，其他机构与公民个体也应重视在经济和物质方面对生态道德教育的支持。尽管加大生态道德教育的经费投入可能在短期内增加政府、企业和个人的支出，但从长远来看，生态道德教育的效益将得到无限放大。因此，生态道德教育工作不仅是当代社会发展的需求，更是一项利国利民的千秋事业。各级地方政府应加强对环保资金的管理和监督，确保资金的合理使用和最大化效益。同时，鼓励社会各界通过捐赠、投资等方式积极参与生态道德教育的经济支持，共同为建设生态文明和谐社会贡献力量。

加大经济支持，可以为生态道德教育提供坚实的物质基础，推动社会生态文明建设的深入开展。政府、企业和公民共同努力，将生态道德教育的效益无限放大，使之成为推动社会可持续发展的强大动力。这项伟大的事业不仅关乎当代社会的进步，更为后代子孙留下了宝贵的生态财富，值得全社会共同投资与推动。

三、生态经济教育

所谓生态经济教育，指的就是使受教育者深刻地把握整个生态环境系统与社会经济系统的根本性质和主要规律，重新理解人与生态环境、生态环境与社会经济发展之间的联系，充分了解并认同生态环境在人类社会生活中不可替代的重要地位，摒弃一味的对生态环境的索取，从而确立人与生态环境、生态环境与社会经济全面、协调、可持续发展的新观念的教育活动和教育过程。

（一）生态经济教育的内容

1. 生态环境观的教育

人们只有树立了正确的生态环境观，才有可能真正地做到尊重自然、热爱自然、敬畏自然，保护生态环境和维持生态平衡，并且积极地投身于与保护生态环境、节约自然资源相关的主体性实践活动当中。

生态环境观教育主要是为了充分地帮助人们了解和认同生态环境对人类当前与未来的生存和发展的不可替代的重要影响。从某种程度上来说，生态环境观教育在人类的自身素质的全面发展中所起到的作用要比单纯的生态理论知识与社会生存技巧更加重要和突出，因为只有当人们充分地了解并认同了生态环境对人类的生存和发展的不可估量的重要意义，才可以使人们的心中怀有解决日益严峻的生态环境问题的坚定决心。正确的生态环境观是人们科学合理地解决生态环境问题的必要前提条件。

所谓生态环境价值，主要包括人类自身的生存和发展的价值、社会经济持续良性发展的价值和生态环境自身的美学价值。其中，人类自身的生存和发展的价值是生态环境价值中最根本、最主要也是最核心的价值，人类必须尊重和爱护为自身生存与发展提供物质基础和能量来源的生态环境。生态环境还具有社会经济持续良性发展的价值，就是指生态环境满足了人类社会经济持续良性发展的全部物质需求和能量需要，只有当人类自身的生存和发展的需要得到了充分的满足的时候，人类所处的自然生态环境才会变得更加美好。

2. 人与自然和谐观的教育

人与自然和谐观既重视人类在主体意识和自我价值认知方面的主观能动性，又尊重人类自身与生态环境之间关系的变化发展的客观规律。维持生态平衡、保护生态环境的根本意义所在是为了保护全人类共同的理念诉求和共有的根本利益。因为脱离了全人类共同的理念诉求和共有的根本利益，去空谈所谓的维持生态平衡和保护生态环境就没有了其存在的价值。

保护生态环境、维持生态平衡是全人类共有的根本利益和共同的理念诉求得以最终实现的最根本前提。人们对其自身的主体性利益和自我价值的追求绝对不可以超出应该有的范围，即人类在追求自身的主体性利益和自我价值的同时，必须维护好生态平衡。保护生态环境、维持生态平衡理应成为全人类共同的价值追求，也是全人类必须遵循的根本道德原则。

坚定人与自然和谐观，需要人们具备尊重自然、热爱自然、敬畏自然的高尚的道德情操和美好的道德品质。其中尊重自然属于最基本的环境道德准则。生态环境是全人类得以生存与发展的最重要的物质基础和能量来源，所以，尊重自然作为最基本的环境道德准则，是人类应该遵循的根本道德理念和诉求。

（二）生态经济教育发展的举措

1. 建设生态经济家庭

（1）提高家庭成员的生态经济素质。家庭教育作为生态经济教育的重要组成部分，父母的行为和活动对孩子产生潜移默化的影响。因此，家庭成员必须承担起提升家庭生态经济素养的责任。通过自身的生态经济理念和实践活动，家长可以潜移默化地影响其他家庭成员，使全家共同参与到与生态经济素养相关的实践活动中，发现生态经济教育的外化作用和积极意义。

（2）选择生态经济的消费方式。人类的消费行为和消费活动要做到遵循保护生态环境、节约自然资源的理念，人类的消费行为和消费活动必须做到绿色消费、全面消费、协调消费和可持续性消费。人类的消费行为和消费活动必须注重保持人们之间的代内平等及人与人之间的代际平等，所以需要做到平等的消费和公平的消费。人们的消费行为和消费活动不仅需要满足自身的能量需要与物质需求，更需要重视与关注人类的精神世界和心灵家园的长远发展，所以也就必须做到健康的科学的消费和以现代文明理念为核心的消费。

2. 选择生态经济的生产方式

生态经济的生产方式强调在生产过程中最大限度地减少对环境的影响，同时提高资源利用效率和产品的环境友好性。在这一框架下，技术创新被视为推动生态经济生产方式转型的核心动力。通过研发和应用新技术，如清洁生产技术、循环经济技术和绿色能源技术，生产过程中的能源消耗和废弃物排放得以有效减少，从而降低了对自然资源的依赖和环境负荷。此外，生态经济生产方式强调生产者在设计产品时应考虑全生命周期的环境影响，包括原材料的选择、生产过程的优化、产品使用阶段的环境友好性和产品结束生命周期的回收利用。因此，选择生态经济的生产方式不仅有助于提升企业的竞争力和可持续发展能力，还能有效推动全球经济向更加环保和可持续的方向发展。

第三节　大学生生态文明教育的基本原则

生态文明教育是为了实现人与自然的和谐发展，按照国家对生态文明建设的规划和要求，进行的有目的、有计划、有组织的教育培养活动。

生态文明建设不仅为改善生态环境提供了一条文明发展的道路，而且为改善人民生活奠定了基础。没有生态文明建设，就不可能有真正意义上的美丽中国和新时代中国特色社会主义。而大力推进生态文明建设，就是在相当程度上实现美丽中国、实现新时代中国特色社会主义伟大胜利。

一、生态文明教育的包容原则

大学生生态文明教育的包容原则是推动学生在生态环境保护与可持续发展方面全面发展的关键。这一原则体现了教育过程中应当尊重和包容个体差异、文化多样性及社会背景的重要性。教育者和教育机构在实施生态文明教育时，须充分考虑学生的认知水平、价值观念和情感态度的差异，不应简单地对其强加特定的生态观念或行为准则。包容性教育，可以更好地激发学生的环境责任感和参与意识，从而推动他们在个人和集体层面上对生态文明建设的积极参与。

第一，教育者应当以学生为中心，关注其个体差异和发展需求。这意味着教育内容和教学方法应当多样化，能够满足不同学生的学习风格和能力水平。例如对于对生态问题有浓厚兴趣的学生，可以提供更深入的专业知识和实践机会，而对于初步接触的学生，则应从基础概念和案例分析入手，逐步引导其深入理解和参与。

第二，包容性教育强调在教育内容设计中考虑文化多样性。不同地域与文化背景的学生对生态问题的理解和态度可能存在差异，因此教育内容应当兼顾全球视野和本地实际，既强调普遍性的生态价值，又尊重当地的生态文化传统和实践经验。这样的设计能够增强学生的身份认同感和参与感，激发其对生态问题的深入思考和积极行动。

第三，包容性教育应考虑社会背景的差异。在不同的社会群体中，学生可能面临不同的生态挑战和发展机会，教育者应当关注社会公平与正义，通过教育资源的公平分配和支持机制的建立，确保所有学生在生态文明教育中享有平等的参与权利和发展机会。这不仅促进了社会整体的生态意识提升，也为社会的可持续发展培养了更广泛的基础和支持。

因此，大学生生态文明教育的包容原则不仅是教育实践的基本理念，更是推动学生在生态环境保护和可持续发展方面全面成长的关键策略。通过尊重个体差异、促进文化多样性和社会公平，教育可以更有效地培养具有生态责任感和创新能力的新一代公民，为全球生态文明建设贡献智慧和力量。

二、生态文明教育的实践原则

生态文明教育的实践原则体现了思想政治教育视野下对生态环境保护与可持续发展的深刻关注和指导。这一原则强调以实践经验为基础，通过认识自然、改造自然的实践活动来开展教育，同时根据实践的需要不断完善和发展教育体系。在马克思主义实践思想的指导下，实践原则不仅是区分新旧唯物主义的标志，更是生态文明教育能够科学发展和顺利开展的关键前提。

第一，实践思想强调通过实践活动来认识和改造世界，进而推动人类社会的发展。生态文明教育作为社会主义文明建设的重要组成部分，必须以实践为基础，引导大学生深入参与到生态环境保护和可持续发展的实际行动中。这种实践教育不仅是理论知识的传授，更是通过亲身体验和行动，培养学生的环境责任感和实际操作能力，使其在面对复杂的生态挑战时能够做出有效的应对和解决。

第二，生态文明教育的实践原则体现在对生态意识和生态行为的深入培养。通过实践，大学生可以亲身感受到自然界的变化和生命的规律，从而增强对生态环境的尊重和保护意识。教育者应当引导学生不仅停留于理论层面的认知，更要通过实地调研、生态保护项目的参与等方式，让学生深入了解生态系统的复杂性和脆弱性，从而树立起全面、深刻的生态思维。

第三，生态文明教育的实践原则须与现实社会的需求和发展相结合，强调社会主义生态文明建设的实际需要。在面对日益加剧的生态环境问题时，教育者和教育机构应当积极响应国家生态文明建设的战略部署，通过生态实践教育培养学生的创新能力和解决问题的能力，为国家生态文明建设贡献智慧和力量。这种实践性教育不仅能够培养学生的实际操作技能，更能够激发其在环境保护与可持续发展领域的创新意识和责任感，为未来社会的可持续发展奠定坚实的基础。

生态文明教育的实践原则不仅是教育理念的提出，更是教育实践的重要形式和基本要求。通过将生态文明教育纳入思想政治教育视野下的实践教育中，可以有效地促进大学生生态意识的提升和行动能力的培养，为构建美丽中国和可持续发展的现代化国家贡献力量。

三、生态文明教育的导向原则

导向原则是由思想政治教育的性质和大学生的心理特征共同决定的。导向原则，一方面要求生态文明教育有明确的政治立场，要坚持服务中国特色社会主义生态文明建设，与"四个全面"战略布局要求保持一致；另一方面，作为思想政治课程教育的一部分，生态文明教育内容要有鲜明的指令性和可操作性，能够对大学生的生态思维和行为习惯养成起到指导作用。思想政治教育具有强烈的政治倾向，被不同的价值理念所支撑、支配，所以，社会主义生态文明教育必须坚守马克思主义生态文明思想，始终贯穿社会主义核心价值观。生态文明教育体系的构建需要与政治素养教育、理想信念教育及思想道德教育有机结合，体现生态文明教育的中国特色、时代特征，帮助大学生塑造更加自信的魅力人格，养成更加善良、博爱的情感关怀。

坚持导向原则的意义主要体现在两个方面：一方面，坚持导向原则是保证生态文明建设中国特色社会主义方向、维持社会稳定的必要手段。生态文明建设已经成为一个世界性的课题，以保护生态环境为主题的社会团体、政党已经遍布世界各国，它们极大地推动了人类生存环境的改善，但也时常对稳定的政治环境造成威胁。生态文明的基础是文明，是在和平环境下实现普遍发展，思想政治教育视野下的生态文明教育服务于社会主义生态文明建设，是以科学发展观为指导的教育，是坚持四项基本原则的教育，是以人与自然的共同发展为最终目的的教育。另一方面，坚持导向原则是指导大学生养成科学生态理念、提升信息辨识能力的保障。大学生在心理上正处于懵懂阶段，作为最大的新兴媒介应用群体，他们每天都受到信息爆炸的冲击，如果缺少充足的知识储备和崇高理想的支撑，很容易受到其他消极思潮的影响，从而削弱生态文明教育的效果。

第四章　大学生生态文明教育的核心追求
——生态人格

　　生态人格作为新时代大学生的理想人格范式，其拥有深刻的内涵与多维价值。当前，高校正积极探索生态人格培育的有效路径，以应对环境挑战，促进人与自然和谐共生。

第一节　生态人格的内涵意蕴与深度解读

一、生态人格的内涵意蕴

　　人格是一个人品行、价值和尊严的总和，是一个人道德品质和心理品质的集合，是对人在现实生活中应当如何安身立命的规定。

（一）生态人格：体验生命本真，释放仁慈之心

　　生态人格是一种对人类生命潜能的深刻觉悟，这种觉悟强调体验生命本真，从而释放出人类内在的仁慈和智慧。生态人格不仅是一种个体的精神修为，更是一种与自然和谐共生的生活态度。它呼吁人们放弃占有与贪婪，专注于内在的自我，觉解生命的本质。在这种觉解之下，个体能够摆脱社会强加的不合理价值观念和伦理制度，从而释放出内在潜藏的善意和智慧。

　　生态人格的核心在于对生命本质的体验和觉悟，这种体验不仅是对自我生命的觉察，更是一种对万物生命的尊重与珍视。生态人格强调个体与自然之间的和谐关系，认为人类应当在尊重自然、呵护万物的过程中，体会到人生的幸福与美好。通过这种方式，人类能够从自然界中汲取精神力量，激发内在的智慧和仁爱之心，使得个体在精神层面上达到一种超越世俗的境界。

　　在生态人格的视角下，人类与自然的关系不再是主从关系，而是一种平等、

互惠的共生关系。生态人格主体在觉悟生命本质之后，会自然地将这种觉悟转化为对他者的真诚关注与呵护。人与自然、人与人之间的关系因此进入一种和谐状态，这种和谐状态不仅提升了个体的精神境界，也促进了社会的可持续发展。

生态人格强调内在的觉悟和外在的行动相结合，认为只有通过不断地内省和对自然的真诚关爱，才能实现真正的自我超越。生态人格主体在与自然互动的过程中，不仅体验到了自身的价值，也认同了自然的价值。这种双向的价值认同，使得个体能够在尊重自然的同时，实现自我价值的最大化。生态人格的实践不仅有助于个体心灵的成长，也对整个社会的生态环境保护具有重要的推动作用。

在当代社会，人类必须重新审视与自然的关系，倡导生态人格的生活方式，推动人与自然的和谐共生。生态人格不仅是对个体精神境界的提升，更是一种社会责任的体现。它要求每个人都能够在日常生活中体现对自然的尊重与关爱，从而共同维护地球家园的生态平衡。

生态人格的实现需要从个体的内心开始，经过对生命本质的深刻体验，逐步形成对自然的尊重和关爱。这种尊重与关爱不仅体现在对自然资源的节约和保护上，更体现在对生命的敬畏和珍惜之中。通过生态人格的实践，个体能够在精神上达到一种和谐与宁静的状态，从而在物质世界中实现真正的幸福与满足。

生态人格不仅是一种个人修为，更是一种社会责任。它呼吁人们在追求自我成长的同时，不忘关爱自然，保护生态环境。通过生态人格的践行，人类不仅能够实现自身的价值，也能够为子孙后代留下一片健康、和谐的自然环境。生态人格的理念将引导人类走向一种更加美好、可持续发展的未来。

（二）生态人格：激发关爱，消解人际倾轧

生态人格是一种深刻的精神觉醒，它将人类内在的关爱力量释放出来，消解人际的隔阂与倾轧。尊重与关怀他人是人类积极能动性的表现，这种行为打破了人与人之间的壁垒，使个人得以超越狭隘的个体界限，融入他人和历史的长河之中，从而达到一种澄明、丰盈、完满而无限的境界。此刻，人与人之间将共处于一个和谐共荣的集体之中，因为关爱并非凌驾于人之上的一种抽象概念，也非强加于人的外在负担，而是深深植根于人心之内的一股力量，自然而然地从每个人的心底涌现出来。

生态人格主体通过给予他人充分的关爱，能够克服人与人之间的冷漠和分

离，领略到自身生命的无限潜能与盎然生机，体验到生命的意义与丰盈。这种关爱不是一种施予的恩惠，而是一种内在本质的流露，是人与世界紧密联系的桥梁。通过这种联系，生态人格主体在关爱他人的过程中，不仅能够实现自我价值的提升，还能够促使社会整体走向更加和谐美好的状态。

生态人格的践行不仅带来个体内心的幸福安宁，还将促使人与人之间克服分离和倾轧，走向更加和谐的社会关系。人与自然之间也将因此走向和谐共生的美好境界。生态人格强调通过关爱他人来实现自我超越，这种超越不仅是个人精神境界的提升，更是对社会整体福祉的贡献。

生态人格的理念强调人类内在关爱的力量，它不仅是人类本性的体现，更是社会和谐发展的基石。通过生态人格的践行，个体能够在关爱他人的过程中实现自我价值，促进人与人、人与自然之间的和谐共生。这种和谐不仅提升了个体的幸福感，也为社会的可持续发展提供了坚实的基础。生态人格的践行将引导人类走向一种更加美好、更加和谐的未来，促进人与自然、人与社会的共同进步。

（三）生态人格：拓宽伦理视野，敬畏生命

生态人格主体通过对生命的尊重和珍视，将保存与救助生命视为至高的真理。这种敬畏源自对生命价值与地位平等的深刻认识，使得人类能够在内心深处顺从命运并肯定人生，从而形成一种积极的伦理责任感。这种责任感不仅体现在对自我的关怀上，更体现在对世界和一切生命的关怀上。敬畏生命意味着在顺从命运的同时，积极地帮助和拯救他者生命，承担起对他者生命的无限责任。这种能动性表现出人类在面对生命时所具有的深层次伦理意识，并使个体能够在社会生活中保持乐观态度。敬畏生命的内涵不仅是一种被动的服从，更是一种积极的精神追求，是在尊重生命自然发展的过程中，体验与思考自我，从而摆脱外在存在的命运束缚，达到内在精神自我肯定的境界。

生态人格主体通过敬畏生命，能够充分领悟到真正自由与幸福的奥秘。这种领悟不仅使人能够应对生活中的各种困难，还能使内心变得宁静、深刻、丰富与温和。敬畏生命的实践，使人类在面对复杂社会生活时，能够保持内心的平和与坚定，体现出一种内在的精神力量。这种力量不仅是对个体内心世界的探索与理解，更是对人与自然、人与社会关系的深刻反思和实践。

生态人格的实践，通过敬畏生命，将个体与自然、社会紧密联系在一起。

敬畏生命不仅是一种伦理责任，更是一种精神修为，是人与自然、人与社会之间的一种深刻互动。这种互动不仅使个体能够在自然和社会中找到自己的位置，还能通过对生命的尊重与珍视，实现自我价值的最大化。通过敬畏生命，生态人格主体能够在复杂多变的社会环境中保持内心的宁静与坚定，从而在面对各种挑战时，展现出强大的内在力量和智慧。

敬畏生命不仅是对个体精神的提升，更是对整个社会伦理视野的拓宽。通过对生命的敬畏，生态人格主体能够在日常生活中践行生态伦理，推动社会向更高层次的道德境界发展。这种发展不仅体现在对自然资源的合理利用和保护上，更体现在对社会关系的和谐构建上。敬畏生命，使得生态人格成为推动社会可持续发展的重要力量，在人与自然、人与社会的互动中，创造出更加美好的未来。

二、生态人格的深度解读

"生态人格是道德人格的一种新型要求，是环境道德素养内化为人的道德良知后形成的一种道德人格样态，是一个人对待人与自然之间的道德关系、生活方式所持的具有个性特征的确定的态度和立场。"[①]

（一）生态人格的内涵和特点

1.生态人格的内涵

生态人格是一种深刻的伦理意识和精神觉悟，它不仅关注个体与自然的关系，更注重人与人之间的和谐共生。生态人格强调对生命的尊重与珍视，认为一切生命体都有其固有的价值与地位，这种平等的生命观念是生态人格的基础。生态人格主体在实践中体现出对自然环境的深切关怀，并通过具体的行动来保护和维护生态系统的平衡与健康。

生态人格包含对未来的责任感，这种责任感体现在对资源的可持续利用和对环境的长期保护上。生态人格主体认识到，当前的行为不仅影响到自身的生活质量，也关系到未来世代的生存与发展。因此，生态人格强调一种长期的、负责任的生活方式，主张通过合理的资源利用和环境保护措施，确保未来世代能够享有同样的自然资源和生态环境。

①曾建平，黄以胜，彭立威.试析生态人格的特征[J].中南林业科技大学学报（社会科学版）.2008，2（4）：5.

生态人格不仅是一种个人的道德修养，更是一种社会伦理的体现。它呼唤个体在日常生活中践行生态伦理，通过对生命的敬畏和对环境的保护，推动社会向更加和谐、可持续发展的方向迈进。生态人格的核心价值观在于其对生命的尊重、对自然的关爱和对社会责任的承担，这些价值观共同构成了生态人格的深刻内涵，为个体和社会提供了一个积极的、具有参考价值的行为准则。

2. 生态人格的特点

人类文明经历原始文明、农业文明、工业文明和生态文明的演进，不同的文明形态存在着不同的人格样态，分别对应族群人格、依附人格、单向度人格和生态人格。与其他人格样态相比，生态人格具有以下四个方面的特征。

（1）人类思维方式的整体性。具有生态人格的人实现了人类思维方式的转向，由主客二分的思维方式转向整体性的生态思维方式。反对"人类中心主义"的思维方式，坚持系统论和整体性原则，把"人—社会—自然"看作是一个有机联系的整体，把自己看作是整个生态系统中的一员，摆正了自己在生物圈中的位置。生态思维既承认人对自然的依赖关系，也承认人对自然能动的改造，实现"自然的人化"和"人的自然化"的统一。整体性的生态思维承认生物的多样性，尊重生物的生活习性，保护生物的生活环境，强调人和自然生态和谐相处，维护生态系统中各种生物的多元平衡。生态思维维护生态系统的整体利益，而不仅仅是人类的利益，体现了尊重自然、敬畏自然、万物平等的博大情怀。生态思维不但看到了自然生态对于人类生存所具有的工具性价值，而且承认自然界具有内在价值。

（2）处理多重关系的和谐性。生态文明重塑人与自然的关系、人与人的关系、人与社会的关系及人与自我身心的关系，这也是对生态人格的要求。

生态人格强调尊重、顺应和保护自然，倡导绿色生产、低碳生活和生态消费，从而实现人与自然的和谐共生。这种和谐不仅要求对自然资源的合理利用，还须减少对环境的破坏，促进自然生态系统的可持续发展。生态人格主体通过将这些理念内化为自身的行为准则，积极参与环境保护和生态建设，体现出对自然的深刻敬畏和责任感。

生态人格强调重塑人与人之间的关系，以应对由资本主义制度导致的人的异化和生态异化问题。通过协调当代人与后代人之间的利益关系，生态人格主体致力于实现生态资源的代内公正和代际公正。只有在人与人之间建立起公平、互助和合作的关系，才能有效解决生态问题，推动社会向更加公正和谐的方向发展。生态人格主体在复杂的社会关系网络中，明确自己的生态责任和义务。他们通过积极参与社会事务，推动生态文明主流价值观的传播和实践，将这些价值观内化为个体人格的一部分，并外化为具体的生态行为。在社会环境中，生态人格主体不仅不断完善自身人格，还通过榜样示范作用，带动他人塑造和践行生态人格，形成良好的社会风尚。

生态人格主体追求生态化的生存方式，强调敬畏生命、物我一体，具有诗性栖居意识和生态审美情怀。他们通过保持心灵的宁静，实现精神生态的平衡，从而在物质和精神层面达到和谐统一。这种内心的宁静和精神的丰富，使得生态人格主体能够更好地应对外界的挑战，并在生活中保持积极乐观的态度。

（3）求真至善臻美的统一性。生态人格是一种理想人格样态，体现了人类对真、善、美的永恒追求，并与生态文明的建设密切相关。这一人格类型追求真善美的统一，表现出对自然界与生态文明的深刻理解和高度敬畏。

生态人格在"求真"方面，主张"合规律性"改造客观世界。这一理念要求个体深入理解和遵循自然界的规律，追求科学的生态知识和智慧，以科学方法推动生态文明建设。生态人格坚持马克思主义生态观，认为人类和自然界是辩证统一的整体，强调在人类发挥主观能动性的同时必须尊重和遵循自然规律。这种科学态度不仅促进了对自然界的正确认识，也为生态文明的建设提供了理论和实践的基础。

在"至善"方面，生态人格主张按照"内在的尺度"作用于客观世界，即"合目的性"。这一追求不仅反映了个体对道德和伦理的高度重视，更体现了人类在处理与自然关系时的责任和义务。生态人格主体通过积极参与生态保护和可持续发展活动，努力实现人与自然和谐共生的目标。这种内在的道德驱动力促使个体在生态文明建设中发挥积极作用，追求更高的道德标准和社会责任。

在"臻美"方面，生态人格具备高度的生态审美意识和生态审美能力，主张按照"美的规律来构筑"客观世界。生态人格主体不仅追求环境的物质美，还注重精神层面的生态美，努力实现自我的超越，达到"合规律性"与"合目的性"的统一。通过生态美的创造和欣赏，个体能够在精神层面获得满足和提升，形成与自然和谐共存的生活方式。这种审美追求不仅提升了个体的生活质量，也为生态文明建设注入了新的活力和动力。

（4）价值引导下的自主建构性。生态人格是一种理想人格，其构建不仅依赖于外部的社会文化和教育因素，还必须通过个体的自主建构来实现。社会文化作为外部条件提供了生态人格形成的宏观环境，而教育因素则起着主导作用，决定了生态人格培育的方向和方式。然而，个体的自主建构才是关键，决定了生态人格能否真正内化为个体的行为准则和价值体系。

生态人格的形成不仅依赖于外部的价值引导，个体自身的能动性和创造性同样不可或缺。人作为主体，具有主动建构自身人格的能力。生态人格的培育需要个体主动参与，自觉内化教育传递的生态价值观，并在实际行动中加以践行。个体通过自我反思和自主学习，不断完善和深化对生态文明的理解，将外部传授的知识与价值观内化为自己的信念和行为指南。在这一过程中，个体的自觉性和主动性决定了生态人格的形成效果。

生态人格的自主建构体现在个体对生活和生产方式的选择上。个体在接受教育的同时，通过自身的实践和探索，不断寻找和创造与生态文明相适应的生活方式和生产方式。这种主动的探索和选择，不仅使个体能够更好地适应生态文明的要求，也促进了生态人格的自我完善。通过这种自主建构，个体能够在多变的社会环境中保持对生态文明的坚定信念，并通过实际行动推动生态文明的实现。

因此，生态人格的形成是价值引导和自主建构相互作用的结果。教育通过系统的价值引导为生态人格的培育提供了方向和基础，而个体通过主动建构，将这些外部传递的价值观内化为自身的行为准则和信念，最终实现生态人格的自我完善和发展。在这个过程中，社会文化、教育因素和自身因素相互交织，共同促进了生态人格的形成和发展。通过这种综合性的培育方式，个体不仅能够实现自身人格的提升，也能够为生态文明的建设做出积极贡献。

（二）生态人格的结构

生态人格是一个结构性的系统，包括动力结构和要素结构两个方面，前者是从动态的角度而言的，而后者是从静态的角度而言的。

1. 动力结构

生态人格的动力结构是一个复杂而动态的系统，包含生态人格需要力、生态人格判断力和生态人格行为选择这三个紧密联系的层次。每个层次在生态人格的形成和表现中都发挥着独特而重要的作用。

（1）生态人格需要力是生态人格动力结构的基础层次，代表着个体对生态化生存方式的需求。这种需求不仅涉及物质层面的基本生存需要，如获取物质生活资料，还包括精神层面的需求，如生态审美和精神发展。从层次上看，生态人格需要力既涵盖了低级的生存需要，也延伸到更高级的享受和发展需要。这种多层次的需求结构不仅驱动个体在物质生活中追求生态化，也激励其在精神层面追求与自然和谐共生的生活方式。

（2）生态人格判断力是生态人格动力结构的中间层次，承担着对生态行为选择的导向功能。这一层次包括生态知识、生态文明观和生态意志等内容。生态人格判断力通过理性认知和价值判断，为个体的生态行为提供方向性的指导。它不仅涉及对生态知识的理解和掌握，还包括对生态文明理念的认同，以及在生态实践中体现出的坚定意志和道德信念。这一判断力在生态人格的形成过程中起到了关键的调控作用，使个体能够在复杂的生态环境中做出符合生态文明价值观的选择。

（3）生态人格行为选择是生态人格动力结构的外显层次，是生态人格需要力和判断力共同作用的结果。这一层次表现为个体在实际生活中的具体生态行为，如绿色生产方式、低碳生活方式和生态消费方式。生态人格行为选择不仅是对个体生态需要和判断力的外在表现，更是生态人格动力结构运行效果的具体体现。通过反复的行为实践和反馈，个体的生态行为逐渐形成稳定的、内化的、自觉的行为模式，最终实现生态人格的全面发展。

三种级别的生态人格动力结构在生态人格的形成和发展过程中相互联系、相互作用。激发个体的生态行为动机，提供原始动力；生态人格判断力通过价值判断和理性认知，调控行为方向；生态行为选择则通过具体的生态实践，体现并反馈生态人格的运行效果。这种多层次的动力结构不仅使生态人格在理论上得以系统化，也在实践中提供了具体的指导框架，促进个体生态人格的持续发展和完善。

2. 要素结构

生态人格的要素结构是一个复杂而有机的系统，包含知识要素、思想观念要素、心理要素和行为要素，这些要素相互联系，共同构成了生态人格的整体。生态人格不仅具有一般人格的普遍性特征，还具有其独特的生态特质。这种特质体现在对生态知识的掌握、生态文明观的认同、生态心理的培养及生态行为的实践中。

（1）知识要素。指个体对生态科学知识与生态文明建设知识的理解和掌握。这些知识不仅包括自然科学中的生态学基础知识，还涵盖了生态文明建设的理论和实践。这一要素的掌握为个体形成正确的生态观念提供了科学依据，是个体进行生态判断和选择的基础。

（2）思想观念要素。指个体对生态文明观的认同和内化。这一要素包括生态自然观、生态伦理观、生态法治观、生态安全观、生态价值观和生态消费观等多个方面。生态文明观不仅指导个体如何看待人与自然的关系，还影响个体在日常生活和生产实践中的具体行为选择。通过对这些观念的认同，个体能够形成系统的生态价值体系，从而在行为上自觉地遵循生态文明的原则。

（3）心理要素。包括生态需要、生态情感和生态意志。生态需要指个体对生态化生存方式的需求，既包括物质层面的基本生存需要，也包括精神层面的生态审美和情感需求。生态情感体现了个体对自然与环境的关爱和保护之情，这种情感推动个体在实际生活中积极参与生态保护和生态建设。生态意志则反映了个体在面临生态问题时所表现出的坚定决心和毅力，是个体在实践中克服困难、坚持生态行为的重要心理动力。

（4）行为要素。指个体在实际生活中表现出的生态行为。这些行为包括绿色生产方式、低碳生活方式和生态消费方式等。行为要素是生态人格内在要素的外在表现，通过具体的行为实践，个体将其内在的生态知识、生态观念和生态心理转化为实际行动。生态行为不仅是对生态人格其他要素的具体体现，也是对个体生态人格形成和发展过程的反馈。

这四个方面的要素在生态人格的结构系统中各自处于不同的地位，但相互之间密不可分。知识要素作为基础要素，为其他要素的形成提供了科学依据；思想观念要素作为核心要素，指导个体的价值判断和行为选择；心理要素作为必备要素，提供了情感和意志上的支持；行为要素作为外显要素，通过实际行动实现了生态人格的具体表现。只有这些要素协调配合，共同存在，才能构成完整的生态人格内在要素结构，推动个体在生态文明建设中发挥积极作用。

（三）生态人格的本质

"生态人格是为适应生态文明建设需求，实现人与自然、人与他人、社会与自然和谐共生目标而提出的新型人格样态。"①

1. 生态人格是"生态人"的资质和品格

生态人格是"生态人"的资质和品格，反映了个体在生态文明语境下所应具备的素质和品性。作为生态文明建设的主体和目的，"生态人"不仅需要在道德与法律层面上对自然和社会负有责任，更需要具备生态知识、生态文明观、生态心理和生态行为等多方面的素质。人与动物的最大区别在于人类具有意识和理性，能够在道德规范的指导下进行正确的价值判断和道德选择，同时在法律的约束下维护生态权利和履行生态义务。

生态人格的形成不仅依赖于个体对生态知识的掌握和生态文明观的内化，还需要在心理层面上具备生态情感、生态意志和生态审美意识。生态知识包括生态科学知识和生态文明建设的相关知识，为个体理解和应对生态问题提供了基础。生态文明观涉及生态自然观、生态伦理观、生态法治观等，是生态人格的核心要素，指导个体在日常生活和生产实践中做出符合生态文明要求的行为选择。生态心理则反映了个体对生态需求的重视和对生态环境的情感联结，是驱动生态行为的重要内在动力。

生态人格不仅是道德人格和法权人格的结合体，还包含了审美人格和心理人格的维度。在生态文明建设过程中，生态人需要不断提升自己的审美能力，发现和欣赏生态美，从而在情感上与自然环境建立深厚的联结。这种审美意识不仅丰富了个体的精神生活，也有助于提高其生态责任感和行为自觉性。心理人格则通过生态情感和生态意志的培养，增强个体在生态文明实践中的主动性和坚韧性，使其能够在面临生态挑战时坚定地践行生态价值观。

生态人格作为"生态人"的资质和品格，体现了人与自然和谐共生的理想。它要求个体在日常生活中遵守生态道德规范，维护生态法律权利，具备生态审美意识，并在心理上与自然环境保持紧密联系。通过多维度的素质培养，生态人格为生态文明建设提供了坚实的基础，使个体在实现自我发展的同时，积极贡献于

---

① 高鹛. 生态人格：生态文明建设的新型人格诉求 [J]. 南京林业大学学报（人文社会科学版），2022，22（6）：71.

生态环境的保护和可持续发展。这种多层次、多维度的生态人格结构，不仅有助于个人生态意识的提升，也推动了整个社会生态文明进程的深入发展。

2. 生态人格是生态文明的人格样式

生态人格作为生态文明的人格样式，体现了一种内化环境道德伦理并表现出生态行为的新型道德人格。

从伦理学的角度来看，生态人格不仅仅是道德人格，因为道德是调节人与人、人与社会、人与自然之间关系的规范。然而，生态文明建设不仅要求遵守生态道德规范和形成生态伦理观念，还需要法治的保障。法治是我国的基本方略，生态文明建设要求每个人具备知法、守法的素养，从而通过法律约束自己的行为，共同建设生态幸福的社会。

从法权的角度解读生态人格，它是享有生态权利、履行生态法律义务的人。每个人都必须自觉遵守环保法律法规，并通过法律手段规范行为，这种视角突破了将生态人格仅仅归结为道德人格的范围。然而，人与人、人与社会、人与自然之间的关系不仅仅通过法律关系来调节，因为法律的调节范围比道德要窄得多。因此，生态人格应该是道德人格与法权人格的结合体，但这也不足以科学地揭示其本质。

在生态文明时代，人不仅要成为有道德和守法的人，还要成为学会审美的人。审美作为人的一种存在方式，通过发现、欣赏和体悟生态美，抒发对祖国大好河山的热爱，寻求心灵的宁静和人生境界的升华。生态文明勾勒了未来美好的图景，生态审美的能力是每个个体应具备的素质。因此，生态人格还应包含审美人格这一维度。

第二节　大学生生态人格培育的成效分析

一、生态人格自我培育的意识和能力初步显现

（一）生态认知能力较好

新时代大学生的生态认知能力在其生态人格的形成过程中具有重要意义。调

查显示，部分大学生已经具备较好的生态认知能力，但整体水平尚有提升空间。生态认知是大学生生态情感、生态意志和生态行为表达的基础，其正确性、全面性和理性程度直接决定了大学生生态价值观的形成与发展。良好的生态认知能力不仅使大学生能够正确理解人与自然的关系，还能促使他们在实际生活中自觉践行生态行为，推动生态文明建设。进一步加强生态认知教育，提高大学生的生态认知水平，将有助于他们形成更加坚定的生态情感、更加坚强的生态意志和更加积极的生态行为，从而为实现人与自然的和谐共生奠定坚实的基础。在新时代背景下，提升大学生的生态认知能力是培育合格生态公民的重要途径，有助于他们更好地理解生态文明的内涵，并积极参与到生态保护和可持续发展的实践中。

（二）生态情感表现较好

新时代大学生在生态情感方面表现出较高的敏感度和积极性，这在其生态人格的发展过程中具有重要意义。部分大学生已经具备良好的生态情感，对自然环境的关注和热爱日益增强。生态情感不仅是大学生生态认知的情感体现，更是推动生态行为的重要动力。它反映了大学生对生态环境的深刻理解和情感共鸣，促使他们在日常生活中自觉地采取环保行动，践行生态文明理念。良好的生态情感表现使大学生能够更加主动地参与生态保护活动，增强其社会责任感和使命感，从而在更大范围内推广生态文明建设。加强生态情感教育，提高大学生的生态情感水平，将有助于培养他们对自然环境的深厚感情，激发其内在的生态责任感，促使其在生活和学习中积极践行生态友好的行为方式。生态情感的良好表现不仅为大学生个人生态人格的完善提供了情感支持，也为社会整体的生态文明建设注入了新的动力。

（三）生态意识初步形成

新时代大学生在生态意志方面初步形成了一定的意识，这一过程对其生态人格的发展具有重要意义。生态意志是个体在面对生态问题时所表现出的坚定决心和积极行动的内在驱动力，是大学生生态认知和生态情感在实践中的具体体现。部分大学生已经表现出较强的生态意志，他们不仅具备一定的生态知识和生态情感，还能够在实际行动中坚持生态保护的原则和准则。生态意志的形成，意味着大学生能够在复杂的环境问题面前保持清醒的认识，并以坚定的态度和决心推动生态文明建设。生态意志的初步形成，不仅提升了大学生个体的生态行为能力，还促进了其生态价值观的稳固和深化。通过加强生态意志教育，增强大学生面对生态挑战时的信心和决心，将有助于培养其坚韧不拔的生态品质，推动其在未来的生活和工作中不断践行生态文明理念。生态意志作为生态人格的重要组成部分，其初步形成标志着大学生在生态文明建设中从被动接受转向主动参与，为社会的可持续发展贡献积极力量。

二、高校等培育载体的作用明显

"生态人格培育是生态文明时代赋予高校的新使命，是主体对生态思想、生态道德的认知、认同，并内化为生态价值观，外化为生态自觉行动的过程。"[①]新时代大学生生态人格培育是新时代大学生自我陶冶内敛与高校等培育载体发挥合力作用的过程。调查发现，不仅新时代大学生在生态人格自我培育上取得了不少成效，且高校等培育载体在新时代大学生生态人格培育上的作用也愈加明显。一是表现在高校对新时代大学生生态人格培育比较重视；二是表现在家庭对新时代大学生生态人格培育的自觉意识明显；三是表现在新时代大学生生态人格培育的社会氛围作用凸显。

（一）高校对大学生生态人格培育比较重视

高校在大学生生态人格培育过程中发挥着重要的主导作用，成为培育生态人格的主渠道和主阵地。新时代背景下，生态文明建设事业得到了党和国家的高度重视。高校作为这一方针政策的重要宣导者和践行者，在生态德育方面进行了积极探索和实践，致力于提升大学生的生态意识和品质。

高校在生态人格培育中注重生态教育的全面覆盖，强调生态知识的普及和生态伦理的培养。通过将生态教育融入课堂教学体系，高校不断完善课程设置，将生态文明理念渗透到各学科中，使学生在学习专业知识的同时，能够深刻理解生态保护的重要性。此外，高校还通过开设生态专题讲座、组织生态研讨会等形式，进一步丰富学生的生态知识，提升其生态认知能力。

高校注重通过制度建设来保障和推动生态人格的培育。制定与实施一系列生态校园建设规划和政策，推动绿色校园的创建。例如推广节能减排措施、开展

---

① 刘艳.大学生生态人格培育路径探析 [J].湖南生态科学学报，2020，7（2）：72.

校园绿化建设等，这些举措不仅为学生提供了良好的生态学习和生活环境，还通过实际行动传递了生态文明理念，起到了良好的示范作用。高校通过制度化的建设，使生态教育工作更加规范化和长效化，为大学生生态人格的养成提供了坚实的制度保障。

高校还通过加强校内外合作，拓展生态人格培育的空间和渠道。与政府、企业和非政府组织等机构合作，共同开展生态教育和实践活动，拓宽学生的生态视野，使其能够接触到更广泛的生态保护和可持续发展实践。这种多方合作的方式，不仅丰富了学生的生态教育资源，还增强了其在生态文明建设中的参与感和责任感。

新时代高校对大学生生态人格的培育，体现了党和国家对生态文明建设事业的高度重视。通过课堂教育、实践活动、制度建设、教师引导和多方合作，高校在生态人格培育方面取得了显著成效。大学生作为未来社会的建设者和接班人，其生态人格的完善对实现可持续发展具有重要意义。高校在生态人格培育中的积极探索和实践，为新时代生态文明建设事业注入了新的动力。

（二）家庭对大学生生态人格培育的自觉意识明显

家庭环境是大学生最初接触并受到影响的地方。在绿色理念的熏陶下，新时代家庭对生态文明建设的重视程度显著提高。这种重视不仅表现在家庭日常生活的各个方面，更体现在对子女的教育和培养上。家庭成员通过自身的生态行为和生活方式，为大学生树立了良好的生态榜样，使他们从小就能感受到生态保护的重要性。这种潜移默化的影响，为大学生生态人格的形成奠定了坚实的基础。

家庭在生态人格培育中表现出的自觉意识，体现在对子女教育内容的丰富和延伸上。家庭不仅关注子女的学业成就，更注重其生态意识和环保行为的培养。通过在日常生活中强调节约资源、减少浪费、分类回收等环保行为，家庭成员共同参与生态文明建设，使得子女在家庭环境中逐渐养成良好的生态习惯。这种自觉意识不仅提升了家庭整体的生态素养，也为社会培养了具有生态责任感的新一代青年。

在新时代的绿色发展背景下，家庭成员的生态意识得到了极大提升，这种意识在对子女教育中的体现尤为明显。通过对生态文明理念的自觉践行，家庭成员不仅提高了自身的生态素养，还在潜移默化中影响着下一代，使其从小就树立起正确的生态价值观。这种家庭教育的无形力量，对新时代大学生生态人格的形成具有重要作用。

家庭作为大学生生态人格培育的重要载体，其自觉意识的显著提升，为新时代大学生的全面发展提供了坚实的基础。通过家庭成员的共同努力，新时代大学生能够在良好的家庭环境中接受系统的生态教育，从而形成正确的生态认知、积极的生态情感和坚定的生态意志。这不仅有助于大学生个体的成长和发展，也为生态文明建设事业注入了新的生机和活力。在新时代的背景下，家庭在生态人格培育中的自觉意识和积极实践，为大学生的生态人格养成创造了良好的条件和环境。

（三）大学生生态人格培育的社会氛围作用凸显

大学生生态人格培育的过程中，整个社会环境所营造的良好生态氛围是促进大学生生态人格形成和完善的重要外部载体。良好的社会生态氛围能够有效促进大学生在生态认知、生态情感、生态意志和生态行为能力方面的提升与发展。

大学生作为社会的中坚力量，他们的生态人格培育得到了良好的社会环境支持。大学生生活在一个生态意识不断增强的社会中，日常生活中随处可见的环保宣传、社区的环保活动、政府的生态政策等都对他们产生了潜移默化的影响。这种社会氛围使得大学生在日常生活中能够更加自觉地培养和践行生态价值观，从而为生态人格的形成奠定了良好的基础。

社会生态氛围的良好营造不仅促进了大学生生态认知的提升，还在生态情感和生态意识的培养中发挥了重要作用。在一个充满生态正能量的社会中，大学生更容易产生对自然环境的热爱和保护之情。他们在社会实践中，通过参与各种环保活动，不仅提升了自身的生态行为能力，还增强了生态责任感和使命感。这种积极的生态情感和坚定的生态意志，使得大学生能够更加主动地参与到生态文明建设中，成为生态文明的积极践行者和推动者。

大学生生态人格的培育受益于社会各界对生态文明建设的高度重视和积极参与。政府的生态政策、企业的绿色生产和社会组织的环保行动，共同构成了一个全方位、多层次的生态文明建设体系。在这个体系中，大学生不仅能够接受系统的生态教育，还能通过实际行动参与到生态保护中。这种社会各界共同参与的生态氛围，为大学生提供了广阔的实践平台，使得他们能够在实践中不断提升生态认知、强化生态意识、深化生态情感，从而实现生态人格的全面发展。

第三节 大学生生态人格的生成过程探索

思想政治教育者必须着眼于生态人格的动态生成过程，即"引导选择—增进认同—促进生成—形成纠偏"。

一、引导生态人格的选择

"人与自然和谐共生的现代化需要以人格的生态化推进为先导，生态人格是应对中国环境问题的必然选择，也是对人类文明生态转向的积极回应。大学生作为中国式现代化事业的建设者和接班人，理应具备资源节约、环境友好的生态人格。"[1]

（一）明确的教育目标为大学生提供了方向

在现代教育体系中，教育目标不仅是知识传授的指南，更是价值观引导的核心。通过设定具体的教育目标，大学生能够在复杂的社会环境中找到明确的定位和发展路径。这种目标不仅为他们提供了理论上的指导，也在实践中给予了具体的行动框架，使得大学生能够在学术和生活中保持正确的方向。

在实际的教育过程中，明确的教育目标为教学活动的开展提供了指导和规范。教育目标的设定不仅为学生提供了学习方向，也为教师的教学活动提供了依据。教师在教学过程中，可以根据具体的教育目标设计教学内容和方法，确保教学活动有的放矢、目标明确。这种教学目标的明确性，不仅提高了教学效果，也增强了学生的学习兴趣和积极性。

明确的教育目标为大学生提供了清晰的方向，使他们在学术和生活中能够保持正确的航向，全面发展，树立正确的价值观和人生观，并在创新能力的培养上取得显著成效。教育目标的设定不仅有助于大学生的个人成长和发展，更为社会培养了大批有责任感、有担当、具备创新能力的优秀人才。通过不断完善和明确教育目标，高校能够更好地引导大学生在新时代背景下实现全面而均衡的发展，

---

①陈娜燕，柏振平，王永智. 身体与道德：高校生态人格塑造的离身认知与具身转向 [J]. 江苏高教，2024（5）：92.

为社会的进步和发展做出积极贡献。

（二）生态人格培育目标为大学生提供了参照标准

生态人格培育目标为大学生提供了参照标准，其重要性在于它为大学生的生态认知、情感和行为提供了明确的指导方向。生态人格作为一种理想人格，整合了生态文明的核心价值观，是大学生在新时代背景下应当追求的一种综合素养。通过设定具体的生态人格培育目标，大学生可以在生态意识的培养过程中找到清晰的参照标准，从而在学术和生活中保持正确的方向。

第一，这种参照标准体现在生态认知的提升上。生态人格的培育目标强调大学生应当具备正确、全面的生态知识和意识，理解人与自然和谐共生的意义。通过对生态人格培育目标的理解，大学生能够在学习过程中明确生态知识的重点和方向，避免片面和错误的认知，从而形成科学的生态观。这种科学的生态观不仅有助于他们在学术研究中取得进步，更为其在日常生活中践行环保行为提供了理论基础。

第二，明确的生态人格目标帮助大学生在情感上更加贴近自然，增强对环境保护的责任感和使命感。生态人格强调人与自然的情感联系，通过目标的设定，大学生能够更加深刻地认识到生态保护的重要性，从而在情感上产生共鸣。这种情感共鸣不仅激发了他们内在的生态保护动力，也使他们在面对环境问题时能够做出更加理性的决策和行动。

第三，生态人格培育目标在生态行为的规范上提供了重要的参照。生态人格不仅是一种内在的认知和情感，更是一种外在的行为表现。通过明确生态人格的培育目标，大学生能够在日常生活和学习中有意识地践行环保行为，做到知行合一。这种行为规范的参照标准，使得大学生在具体的环境保护行动中有章可循，从而在细微之处落实生态文明理念，养成良好的生态行为习惯。

第四，生态人格培育目标为大学生的价值观塑造提供了参照标准。生态人格所蕴含的价值观念，如可持续发展、资源节约和环境友好，都是新时代大学生应当具备的核心价值观。通过对这些价值观念的理解和内化，大学生能够在生活和学术中做出符合生态文明要求的选择，从而塑造出具有生态意识和社会责任感的良好人格。这种价值观的塑造，不仅有助于他们个人的成长和发展，更为社会的可持续发展贡献了力量。

二、增进生态人格的认同

认同是个体在一定的认知水平上对自我和其他对象的认可、接受。为增进大学生对生态人格的认同，必须把生态人格的内容体系内化为大学生个体知识结构和价值观系统的一部分，使内容体系实现从理论形态向心理形态的转化，增强大学生的心理认同。

（一）强化利益认同机制

生态人格的培育不仅是个人发展的需要，也是社会发展的必然要求。强化利益认同机制，能够有效推动大学生生态人格的内化和认同，使他们成为生态文明建设的积极参与者和推动者。

第一，物质利益原则是思想政治教育的重要原则之一，自革命战争年代至社会主义建设时期及改革开放的新时期，中国共产党人始终从满足人民群众的物质利益出发，开展思想政治教育。追求利益是为了满足人们的需求，而需求是人们行为的原始动力。生态人格的培育既有物质生活的需求，也包含生态审美的需求。思想政治教育工作者必须从现实的人的需求出发，以此为生态人格认同的逻辑起点，创造条件满足大学生合理的物质需求，在此基础上提高他们的需求层次，激发他们对生态知识和生态审美能力的追求。生态人格的培育过程需要一个合理的利益认同机制。通过满足大学生的基本物质需求，提供良好的学习和生活条件，他们会感受到社会与学校对其成长的重视和支持。在此基础上，教育工作者应进一步提升学生的需求层次，引导他们关注生态环境，理解生态保护的重要性，并激发他们对生态知识的兴趣和对美好生态环境的向往。这种利益认同机制能够帮助大学生将个人发展与生态文明建设结合起来，使他们在追求个人利益的同时，也自觉地关注和参与生态保护。

第二，利益认同机制不仅在物质层面起作用，还应体现在精神层面。树立与宣传生态道德模范和环境保护先锋的典型事迹，使大学生认识到生态人格的价值和意义，从而增强其对生态人格的认同感。教育工作者应当利用各种平台和机会，开展丰富多样的生态教育活动，使大学生在参与活动的过程中，体验到生态保护带来的成就感和满足感，从而增强其对生态人格的情感认同。

在新时代背景下，通过满足大学生的合理需求，提升其需求层次，激发其对生态知识和生态审美的追求，能够有效推动大学生生态人格的内化和认同，使他们成为生态文明建设的积极参与者和推动者。

（二）强化情感认同机制

情感表达了人们对生态环境的态度，是认同的基础。情感体验是情感认同的重要途径，使大学生能够形成生态善恶感和生态道德感。生态美通过情感体验获得，美好的事物能激发大学生的亲近感，形成情感共鸣，增强审美情感，并进一步仰慕生态人格形象。

情感认同机制的强化需要结合实际案例和典型事迹。展示生态道德模范和环境保护先锋的事迹，使大学生在学习和了解这些榜样的过程中，感受到榜样的力量和精神的感染。榜样的实际行动和崇高品格能够激发大学生的情感认同，使他们在潜移默化中接受并内化生态人格的价值观和行为准则。教育工作者应当善于利用这些榜样的力量，通过生动的故事和真实的事例，让大学生在情感上与榜样产生共鸣，进而增强对生态人格的认同。

强化情感认同机制需要教育工作者的言传身教。教育工作者作为学生的直接引导者和榜样，其言行举止对学生的影响深远。通过自身对生态环境的热爱和行动，教育工作者能够在日常教学和生活中感染学生，激发他们的情感共鸣。无论是在课堂教学中，还是在课外活动中，教育工作者都应以身作则，展示对生态保护的重视和实践，通过言传身教增强学生的情感认同，使他们在潜移默化中形成对生态人格的认同和追求。

在新时代背景下，强化情感认同机制对大学生生态人格的培育至关重要。通过情感体验、榜样示范和言传身教等多种途径，教育工作者能够有效增强大学生对生态人格的情感认同，使他们在情感上与生态保护产生共鸣，进而自觉践行生态文明的理念。情感认同机制的有效运作，不仅能够提升大学生的生态意识和责任感，还能促进他们在日常生活中自觉参与生态保护行动，为实现美丽中国的目标贡献力量。

（三）强化理性认同机制

在生态文明建设过程中，理性认同机制强调通过科学的认知和逻辑的思维方式，促进大学生对生态问题的深入理解和正确判断，从而实现对生态人格的内化与认同。教育工作者应以理性认知为切入点，引导大学生系统地掌握生态知识，理解生态系统的运行规律和人类活动对生态环境的影响，培养其科学的生态观念和环境责任感。

理性认同机制不仅依赖于知识的传授，更需要通过批判性思维和逻辑推理能力的培养，使大学生能够在复杂的生态问题面前做出科学的判断。通过分析具体的生态案例，开展专题讨论和科研实践活动，大学生可以在实践中加深对生态问题的认识，培养独立思考和解决问题的能力，从而增强对生态人格的理性认同。理性认同机制的强化，不仅有助于提升大学生的生态素养，还能促使他们在日常生活中自觉践行环保理念，做出理性的生态行为选择。

强化理性认同机制需要注重生态教育的广泛性和多样性。教育工作者应通过各种媒介和平台，向大学生传递科学的生态知识和理念，增强其对生态问题的关注和理解。同时，开展形式多样的生态教育活动，如环保志愿服务、生态体验项目等，使大学生在实践中感受生态保护的重要性，进一步增强其理性认同。在理性认同的基础上，大学生能够更加坚定地选择和践行生态人格，为建设美丽中国贡献智慧和力量。

通过强化理性认同机制，大学生能够在科学的认知框架内理解生态文明建设的必要性和紧迫性，从而从内心深处认同生态人格的价值和意义。教育工作者应注重培养大学生的批判性思维能力，使其在面对生态问题时能够透过现象看本质，辨别真伪，避免被表面的宣传和短期利益所迷惑。这种理性认同能够帮助大学生建立起科学的生态价值观，从而在思想上真正做到对生态人格的认同和接受。

三、促进生态人格的生成

激发精神动力，推动生态人格的生成是生态教育的重要内容。生态人格是一种理想的人格样式，不仅需要在认知层面上内化，更需要在行为层面上外化，形成稳定且自觉的生态行为习惯。这一转化过程涉及复杂的心理机制和社会因素，因而要求思想政治教育者采取多维度的策略来促进大学生生态人格的生成。

第一，生态人格的生成需要引导大学生树立明确的生态理想。理想是人们对未来美好生活的希望，是通过努力可以实现的目标。生态理想作为生态人格的一部分，要求大学生不仅要认识到生态文明建设的必要性，更要把个人的生态理想与社会的生态理想相结合，形成对生态人格的追求。这一过程不仅是认知上的提升，更是价值观体系的重塑。通过系统的教育和引导，大学生可以在思想深处树立起对生态文明的坚定信念，把生态人格作为实现个人与社会和谐发展的目标。

第二，生态人格的生成需要激发大学生的精神动力。精神动力不仅包括理想、信念和意志，还包括对生态行为的情感认同和价值追求。教育者应通过多种形式的教育活动，激发大学生对生态文明的热爱，使其在情感上认同生态行为的意义和价值。在实际生活中，参与各种生态活动，体验生态行为带来的成就感和满足感，从而增强对生态行为的坚持和追求。这种情感和价值的认同，是生态人格生成的重要基础。

第三，生态人格的生成还需要环境的支持和推动。社会环境和教育环境对大学生生态人格的形成具有重要影响。思想政治教育者不仅要在理论层面进行教育，更要创造良好的生态环境，通过政策、制度和文化的引导，形成有利于生态行为养成的社会氛围。在校园内外，倡导生态文明，开展各种生态活动，使大学生在实际生活中感受到生态行为的价值和意义，从而自觉地把生态行为内化为个人的日常习惯。

生态人格的生成是一个复杂而系统的过程，需要思想政治教育者在情感、意志和环境等多方面进行引导和支持。激发大学生的精神动力，培养他们对生态文明的坚定信念和持久的生态行为习惯，可以推动生态人格的生成，实现个人与社会的和谐发展。

四、改进评价方式，形成生态人格的纠偏

生态人格的培养需要多层次、多维度的评价机制，以确保其全面性和科学性。

第一，坚持评价主体的多元化。教育行政部门、思想政治理论课教师、辅导员、党团工作人员及大学生自身都应作为评价的主体。多元化的评价主体可以从不同角度和层面进行评价，确保评价结果的全面性和客观性。这些主体必须掌握统计学、社会学和教育评价学等方面的知识，形成一支专业化的评价队伍，以提高评价的科学性和公正性。

第二，确立合理的评价指标体系。评价指标需要能够检验大学生生态人格的要素结构和动力结构状况，包括生态需要、生态知识、生态意识、生态文明观、

生态意志和生态行为等方面。同时，合理分配各个指标的权重，确保评价结果能够全面反映大学生的生态人格发展状况。科学的评价指标体系，可以更准确地识别大学生在生态人格培养过程中的优势和不足，为后续教育提供指导。

第三，综合运用多种评价方法可以提高评价的准确性和全面性。教育者需要探索多种评价方法，如访谈座谈、问卷调查、书面报告和环境意识量表等，以更全面地了解大学生的生态素养。由于生态行为是外显的，可以通过观察法观察大学生的日常生活，评估他们是否养成了生态行为习惯，是否能用生态道德和法律规范约束自己的行为。然而，一两次的生态行为并不能说明大学生已经形成了生态人格，因为生态人格是生态思想与生态行为的统一体，是稳定的思想和一贯行为的表现。这要求思想政治教育工作者要反复观察，及时纠偏大学生的生态行为，帮助他们形成稳定的生态道德品质和一贯的生态行为习惯。

第四，结合形成性评价和终结性评价。形成性评价是在教育过程中进行的评价，目的是及时发现问题、调整教育方法，以确保教育效果。终结性评价是在教育过程结束后进行的评价，目的是评估教育目标的实现程度和教育效果的持久性。结合两种评价方式，可以对教育过程和结果进行全面评估，及时发现并纠正教育过程中的问题，确保生态人格的培养能够持续有效。形成性评价可以帮助教育者与受教育者了解教育的进展和效果，及时调整教育策略和方法。终结性评价则可以检验教育目标的实现程度、教育内容设置的合理性、教育者的工作态度与能力，以及受教育者的接受水平。畅通反馈渠道，客观公正地对待评价结果，可以为后续教育提供科学依据，进一步完善生态人格的培养体系。

坚持评价主体的多元化、确立合理的评价指标体系、综合运用多种评价方法，以及结合形成性评价和终结性评价，能够有效推动生态人格的生成和巩固。改进评价方式，不仅可以提高生态人格培养的科学性和有效性，还可以为生态文明建设提供有力支持。评价的最终目的是通过科学的评价手段，及时发现问题，纠正偏差，确保大学生能够形成稳定的生态道德品质和一贯的生态行为习惯，为实现生态文明的可持续发展奠定坚实的基础。

第四节　价值指归：生态人格与个体人格的完满

一、生态人格与个体人格的关系

生态人格与个体人格之间存在着密切而复杂的关系，两者相互影响，相互促进，共同构成个体全面发展的基础。

（一）生态人格与个体人格的相互影响

生态人格是个体人格的一个重要组成部分。个体人格涵盖了认知、情感、意志和行为等多个方面，而生态人格则主要体现个体在生态意识、生态行为和生态价值观方面的特征。两者的融合不仅促进了个体全面而协调地发展，还为个体人格的提升提供了新的维度和深度。

（1）生态人格在认知层面上补充了个体对自然环境的认识与理解。个体在日常生活中对自然环境的认知往往较为有限，通过培养生态人格，可以增强个体对生态系统、环境保护和可持续发展等方面的知识储备。生态意识的提升，不仅丰富了个体的认知结构，还增强了其对自然界的理解与尊重。这种认知上的补充，使个体在人格发展中更具整体性和全面性，避免了片面和狭隘的认知观念。

（2）生态人格在情感层面上深化了个体对自然的情感体验。个体人格中的情感维度通常包括对他人、社会和自我的情感，而生态人格则扩展了这种情感的范围，使其涵盖对自然环境的关爱与责任感。通过培养生态情感，个体能够更深刻地体会到自然的美丽与脆弱，从而激发其保护环境的内在动机。这种情感体验的深化，有助于个体形成更加丰富和多样的情感世界，增强其情感的广度和深度。

（3）生态人格在意志层面上强化了个体的行为自律与责任担当。个体人格中的意志力体现在自我控制和行为坚持上，而生态人格则进一步强调个体在生态行为中的自律性和责任感。通过培养生态意志，个体能够更坚定地践行环保行为，克服短期利益的诱惑，坚持长远的生态目标。这种意志力的强化，不仅提升了个体的行为自律能力，还增强了其社会责任感和道德担当。

（4）生态人格在行为层面上完善了个体的道德行为规范。个体人格中的行为规范通常受到社会道德和法律的约束，而生态人格则补充了生态道德的维度。通过生态行为的培养，个体能够在日常生活中自觉遵守环保原则，减少对环境的负面影响，积极参与环境保护行动。这种行为规范的完善，使个体在人格发展中更加具备道德感和责任感，形成稳定和一贯的生态行为习惯。

（二）二者的融合：形成全面的个体发展模式

生态人格与个体人格的融合为全面的个体发展模式提供了一个综合性框架。生态人格强调人与自然环境之间的互动关系，主张个体在与自然和谐共处中获得心理和生理的平衡。它提倡一种环境责任感，认为个体应通过与自然的和谐互动来促进自我发展和社会进步；个体人格则集中于内在特质和心理机制，关注个体在社会环境中的行为模式和情感反应。它探讨了个体如何通过内在心理过程与外部环境互动，从而形成独特的性格特征和行为倾向。个体人格的研究揭示了内在动机、情感体验和认知过程如何影响个体的行为与生活方式。

当生态人格与个体人格相结合时，形成了一种全新的个体发展模式。这种模式不仅关注个体内在的心理机制和情感体验，还强调了个体与自然环境的互动对人格发展的影响。通过这种整合，个体可以在自我认知和环境意识中找到平衡，从而促进全面的心理和生理健康发展。这一发展模式强调了生态环境在个体成长中的重要作用，主张个体在自我发展过程中应重视环境保护和可持续发展。同时，它也强调了个体内在心理机制的重要性，认为只有在理解和尊重自然的前提下，个体才能实现真正的自我超越和全面发展。

这种融合模式为心理学和生态学的跨学科研究提供了新的视角，推动了对个体发展和环境保护之间关系的深入探讨。它不仅具有理论意义，还为实践提供了指导，倡导个体在日常生活中践行生态人格理念，以实现全面而平衡的发展。

二、生态人格与个体人格的完满

生态人格与个体人格的完满代表了人类心理和自然环境之间的高度和谐状态。生态人格强调人与自然的深层次连接，倡导个体在自然环境中获得心理安宁与生理平衡。通过与自然的互动，个体不仅培养了对环境的尊重和责任感，还在情感和认知层面上实现了自我提升。生态人格的培养有助于个体形成积极的环境态度和行为模式，从而推动可持续发展的实现。

（一）完满人格的标准与特征

完满人格的标准与特征涵盖了道德完满、心理完满和社会完满三个方面，这些标准与特征共同构建了一个全面而和谐的人格发展模型。

1.道德完满：道德与伦理的结合

道德完满代表了个体在伦理和道德层面的高度融合。道德完满不仅体现在遵守社会规范和法律规定上，还涉及个体内在价值观和行为准则的一致性。个体在道德完满的状态下，能够自觉地履行社会责任和义务，展示出高度的道德感和伦理意识。这种内在的道德驱动力促使个体在面对道德困境和伦理挑战时，能够做出符合道德规范的选择和行为。道德完满不仅增强了个体的社会适应能力，还提升了其自我认同感和自尊心，从而在个体与社会的互动中形成积极的反馈循环。

2.心理完满：健康的心理状态与积极的生活态度

心理完满强调个体在心理健康和情感体验方面的积极状态。心理完满的个体具有良好的情感调节能力和应对压力的机制，能够在面对生活中的各种挑战与压力时保持心理的稳定和平衡。这种健康的心理状态不仅体现在情绪的稳定和情感的积极上，还包括对自我价值的肯定和对未来的积极展望。个体在心理完满的状态下，能够有效地应对生活中的各种压力和挑战，展示出较高的心理韧性和适应能力。这种积极的心理状态有助于个体在生活中保持积极的态度和行为，从而提高其生活质量。

3.社会完满：个体与社会的和谐发展

社会完满强调个体在社会关系与社会角色中的和谐发展。社会完满的个体能够有效地处理各种社会关系，展示出良好的人际交往能力和社会适应能力。个体在社会完满的状态下，能够在各种社会角色中找到平衡和满足，并通过积极的社会互动和贡献，获得社会的认可和支持。这种和谐的社会关系不仅增强了个体的社会归属感和幸福感，还促进了社会的和谐和稳定。社会完满不仅涉及个体在家庭、工作与社区中的角色和责任，还包括个体对社会的整体贡献和影响。

（二）生态人格在实现完满人格中的作用

生态人格在实现完满人格中不仅提高了个体的生态意识与责任感，还促进了个体的全面发展和社会责任感。生态人格是指个体在与自然环境互动过程中形成的一种积极态度和行为倾向，强调人与自然和谐共生的理念。通过培养生态人格，个体能够在内在价值观和外在行为上实现高度一致，从而达到完满人格的目标。

1.提高个体的生态意识

在生态人格培养的过程中，个体逐渐认识到自然环境对人类生存和发展的至关重要性，从而形成了保护环境、节约资源的意识。这种生态意识不仅体现在个体的日常行为中，还深刻影响着其价值观和生活方式。个体通过增强生态意识，能够自觉地履行环境保护的责任，采取可持续的生活方式，减少对自然资源的消耗和对环境的破坏。这种责任感不仅体现在对自然环境的尊重和保护上，还体现在对未来世代的关怀和责任上。生态人格的培养促使个体认识到自身行为对环境和社会的长期影响，从而在日常生活与工作中做出负责任的选择和决策。

个体在生态人格的影响下，通过对自然环境的深入理解，能够在内在价值观和外在行为上实现高度一致。这种一致性不仅增强了个体的环境保护意识，还促进了其生活方式的可持续转变。个体逐渐认识到，每一个环保行为都能对环境保护产生积极影响，从而在日常生活中自觉地采取节约资源、减少污染的行动。这种行为转变不仅体现了个体对自然环境的尊重，还展示了其对社会和未来世代的高度责任感。

个体在生态人格的培养中，逐渐形成了对自然环境的深厚情感和责任感。这种情感和责任感不仅体现在对现有环境的保护上，还体现在对未来环境的关注和努力上。个体认识到，当前的环境保护行为不仅是为了自身的利益，更是为了子孙后代的福祉。这种对未来世代的关怀，促使个体在日常生活和工作中，更加注重可持续发展和长远利益，从而在每一个决策和行动中，体现出对未来环境的高度责任感。

生态人格的培养不仅是个体生态意识的提升，更是其内在价值观和行为模式的深刻转变。通过不断增强生态意识，个体能够在生活和工作中，展示出更加积极和负责任的态度。这种态度不仅有助于个体自身的成长和发展，还对社会的整体环境保护和可持续发展，产生了积极影响。个体在生态人格的影响下，通过日常行为的改变和生态责任感的增强，为环境保护和社会进步贡献了自己的力量。

2.促进个体的全面发展和社会责任感

个体通过与自然环境的互动，不仅获得了感官体验和情感体验，更是开启了心理健康、情感和认知的全面发展之路。这种与自然的亲密接触使个体在情感上获得平静和满足，进而在认知层面上增强了对世界的理解和感知。个体通过观察自然界的生命和循环过程，深化了对生态系统复杂性的认知，从而提升了自身的认知能力和综合理解力。

生态人格的培养过程中，个体不仅被动地接受自然环境的影响，更是主动地参与到环境保护和可持续发展的实践中。个体通过实际行动和社会参与，将个人的发展与社会责任相结合，不断深化对生态问题的认识和解决能力。这种全面发展模式不仅推动了个体的内在成长，还为社会的可持续发展提供了重要支持和推动力量。

因此，生态人格在促进个体全面发展和社会责任感方面，通过生态人格的培养，个体不仅在情感、认知和心理健康上得到丰富发展，还在社会责任感和环境意识上实现了内外兼修。个体在这一过程中，不断提升自身的生态智慧和社会参与能力，为实现个人与社会的共同发展作出了贡献。

第五章 大学生生态文明观教育的协同发展

在当今社会，生态文明建设已成为全球共识，而大学生作为未来社会的中坚力量，其生态文明观的培育直接关系到可持续发展的实现。当前，随着环境问题的日益严峻，高校在生态文明教育上的责任愈发重大。然而，传统教育模式在主体参与、环境融合、课程整合、方法创新及媒体利用等方面尚存不足，难以全面高效地引导大学生形成正确的生态文明观。因此，大学生生态文明观教育的协同发展旨在深入探讨如何通过多维度、全方位的协同机制，构建更加科学、系统、高效的生态文明教育体系，以应对时代挑战，培养具备生态文明素养的新时代大学生。

第一节 主体协同：
构建大学生生态文明观教育的主体网络

大学生群体虽然仍然是学生，但几乎已经是成年人，大学生的生态文明思想也越来越受到来自社会各个方面的影响。因此，对大学生进行生态文明观教育不能局限于高校内部，应协同社会上其他力量，形成合力育人，共同推进大学生生态文明观教育。

一、高校和高校间的联合教育

高等教育机构虽然各具特色与独特的文化氛围，但它们共同致力于服务社会的精神是一致的。高校肩负着为社会培养具备生态环境保护专业技能和较高生态文明素养的人才的重任，这是其服务生态文明建设的重要途径，也是时代赋予每所高校的责任。虽然各所高校在师资力量、设备和资源上有所差异，但面对的生态环境国情是一致的，承担生态文明教育的责任亦无异。此外，高校学生的年龄相仿，存在共同的话题，使得其无论是在网络平台上的交流合作，还是在现实生活中的沟通交流与实践，都能够更好地进行团体协作。

在生态文明教育领域，高校间的联合教育已有成功先例。中国高校生态文明教育联盟的成立，不仅促进了全国大学生生态文明观教育的推进，也有助于生态文明观在全社会的广泛传播。这一联盟的正式成立，标志着高校间生态文明协同教育的良好开端，通过协同，可以聚集更多的力量和资源，进一步推动大学生生态文明教育的发展。联盟模式的引入为中国高校与高校间的生态文明教育协同开启了全新的路径。

中国地域广阔，高校众多，生态文明联盟教育组织具有巨大的发展潜力。高校间的生态文明教育联盟可以通过多种方式进行组合，例如根据地域建立地域性高校联盟教育，或根据具体的生态环境保护事业开展生态文明教育联盟合作。这种多元化的联盟模式将为中国生态文明教育的持续发展提供有力支持，促进生态文明理念在全国范围内的广泛传播和深入贯彻。

二、高校和社会主体的合作

高校需要培养具有生态文明素养的人才，而社会拥有丰富的生态文明教育资源，也需要大量的人才为社会生态文明建设做贡献，高校与社会各主体协同合作，一方面可以促进大学生的生态文明观教育，另一方面也能有效促进社会相关主体的发展。

（一）高校与各地政府部门协同合作

高校在培养具有坚定生态文明观念的人才方面承担着重要责任，而各级地方政府则负责本地区的生态文明建设任务。二者在推动社会主义生态文明建设的最终目标上达成了一致，高校与地方政府部门在生态文明观教育上的协同合作，可以实现双赢的效果。地方政府可以为高校的生态文明教育提供政策支持和资金支持，通过修建经济示范区、自然博物馆、生态园博园区等设施，为大学生提供进入生态文明建设示范基地的政策便利，从而促进生态文明体验教育的发展。

高校在此过程中，不仅可以为政府的生态文明决策提供学术意见，还能让大学生成为连接政府和公众参与环境保护的纽带。政府的"美丽"工程项目，如美丽城市建设和美丽乡村建设，可以让大学生参与其中，使他们了解政府的生态文明建设理念，同时也能够在美丽中国的创建过程中发挥才智，助力污染防治攻坚战，保护生态环境，建设美丽家园。

高校与各地政府的协同合作，对大学生的生态政治观、生态发展观和生态行为观的教育具有直接的促进作用。这种合作不仅有助于提高大学生的生态文明素养，还能为政府的生态文明建设提供智力支持和实际贡献，形成良性互动，推动生态文明建设目标的实现。

（二）高校与环保非政府组织的协同合作

大学生拥有较强的社会责任感，他们关注时事，关注社会，对生态环境保护也十分关注，愿意为生态环保事业奉献自己的力量，例如对国家一级保护动物滇金丝猴的保护活动就是由大学生发动的，大学生群体是自发的民间环保运动第一个群体。相对于其他人群，大学生更加关注公益事业、环境生态。生态环境保护是全社会共同的责任，环保非政府组织（以下简称"环保NGO"），在生态环境保护中发挥着越来越重要的作用。当前很多高校有环保社团组织，但他们的资金少、规模小，真正参加社会实践的机会有限。环保NGO，各方面机制比较成熟，而且是真真正正地干实事，它最缺少的是愿意为生态环保做贡献者的志愿者。高校与环保NGO相协同，既可以弥补NGO人员不足的缺口，也可以成为为大学生提供社会生态文明实践的有效途径。在生态文明志愿服务NGO的实践活动中，可以给大学生提供切身认识我国生态环境现状和发展现状的机会，在生态环保志愿实践中给大学生提供了更多的资源，可以让大学生对生态环境有更全面认知，有利于他们进行理性思考。并且在环保实践活动中，提高了大学生生态环保能力，培养了他们生态环保的行为习惯，促进大学生牢固树立生态文明观念，在一定程度上，还能促进全社会对生态环保事业的关注。

（三）高校与企业协同合作

高校的生态文明观教育需要与企业合作，借助企业的力量来实现更有效的教育目标。高校可以通过多种途径加强与企业的合作，推动绿色发展观教育。

第一，高校可以组织学生参观本地区重要企业，深入了解企业的绿色生产状况，通过访谈企业职工，咨询他们在绿色生产中的措施和做法，探讨绿色生产过程中遇到的难题和关注点。这样的实地调研活动可以有效增强大学生的生态文明意识。

第二，高校可以邀请企业的领导和工程师到校园分享企业绿色生产的成功经验及其对社会和企业的积极影响，向相关专业的学生阐述未来企业发展的方向和对绿色科技的需求，从而使理工科学生的研究创新更具实践性和实用性。

第三，高校可以安排专业相关的大学生到企业实习，在实践中学习和应用绿色创新技术，与企业共同推进绿色发展。

通过校企合作，高校可以将绿色发展观教育具体化和实用化，这种合作方式被证明是对大学生进行绿色发展观教育最直接有效的途径。在这一过程中，高校学生不仅需要学习企业在绿色发展中的宝贵经验和教训，还需要通过企业这一实业基地进行实践考察。企业在实现绿色生产的过程中，也迫切需要高校输送的绿色人才，以提高自身的节能减排效果和生产效率。因此，高校与企业在绿色发展观上的合作不仅目标一致，而且互利共赢。

这种协同合作不仅满足了企业对绿色生产技术的需求，同时也满足了大学生对知识和创新任务的追求。高校与企业的紧密合作，通过实地调研、经验分享和实践实习，为学生提供了宝贵的学习机会和实践平台，使其在理论与实践相结合的过程中成长为符合时代需求的绿色人才。这种模式不仅推动了高校教育质量的提升，也促进了企业的绿色生产和可持续发展。

（四）高校教育与家庭教育相互补充

家庭是社会的基本单元，对全社会的生态文明建设具有深远的影响。家庭环境本身就是一个潜移默化的生态文明观教育基地。家庭不仅是大学生成长过程中最重要的生活场所，其成员之间的互动也深刻影响着彼此的生态文明素养。父母作为子女的第一任教师，其生态文明观念对孩子的成长有着重要的启示作用。与此同时，大学生在高校获得的生态文明知识也可以反过来影响家庭的生态文明观念。因此，高校教育与家庭教育在生态文明观教育方面可以形成互补关系，达到相得益彰的效果。

高校教育和家庭教育各具特色，能够相互补充。高校提供的是最新的、科学的生态文明理论知识，这些知识通过系统的教学和研究，帮助大学生形成科学的生态文明观念。而家庭教育则侧重于生态文明的生活技能，这些技能通过日常生活中的具体实践，使生态文明观念更加生动和具体。通过高校与家庭的协同教育，大学生不仅可以将所学的科学知识传播给家庭成员，增强家庭的生态文明意识，还可以从家庭成员那里获得宝贵的生活技能，从而更加深入地理解和应用生态文明理论。

此外，家庭是大学生开展生态文明实践的最佳基地。大学生在高校学习的生态文明理论知识，可以通过家庭生活进行具体的实践和应用。在家庭中，大学生不仅可以充当生态文明观念的宣传者和指导者，向家庭成员传递生态文明理念，还可以与家庭成员共同开展生态文明实践活动，例如变废为宝、使用节能环保产品和旧物改造等。这些活动不仅能够帮助家庭缩减开支、提高生活质量，还能够在日常生活中实践环保理念，对保护生态环境具有积极意义。

高校教育与家庭教育相结合，不仅充分调动了大学生的积极性和主动性，还通过生活中的具体实践，帮助大学生逐渐形成生态文明的思维方式和行为习惯。这样的教育模式促进了生态文明观念的内化，使大学生在理论与实践的结合中，逐步养成生态文明的生活方式，对社会的生态文明建设起到了积极的推动作用。

第二节　环境协同：
促进大学生生态文明观教育与环境的融合

人创造环境，同样，环境也在创造人。生态文明校园的建设是大学落实国家生态文明建设的现实要求，也是高校进行生态文明观隐性教育的一种方式。

一、校园生态物质文明的建设

"校园作为培育人才、建设生态文明的主要阵地，不仅要重视建设绿色校园，更要注重培养教师与学生的生态文明建设思想。"[①]校园生态物质文明建设是高校生态文明教育的重要物质基础，其核心内容包括校园景观、环境卫生和基础设施。

第一，校园景观应设计得清新怡人，如同一个生态共同体。花草树木、亭台楼阁等构成了一个绿色校园，仿佛是一个美丽的公园，应具备郁郁葱葱的大树、青青的草地和娇艳的花朵，以及干净清澈的湖水。因此，在进行校园生态规划时，应从整体角度出发，确保整个校园的美感和协调性。

---

① 孙曜. 基于生态文明建设的校园人才管理系统设计 [J]. 中国新技术新产品 ,2023（3）：135.

第二，校园环境卫生应保持干净整洁。根据"红地毯"效应的原理，一个干净美丽的环境能激发人们保护其美丽而不愿破坏。一个整洁的校园环境使其如同一片净土，使得人们不忍心破坏，即使看到一丝垃圾，也会感到格格不入，从而自发地捡起垃圾。这样的环境氛围不仅提高了校园的整体美感，也增强了师生的环保意识和责任感。

第三，校园的基础设施建设应以节能环保为导向。高校作为大型事业单位，每年的物资采购量巨大，应优先选择节能环保产品，如节能灯和节水龙头等。在建筑方面，宿舍楼、办公楼、教学楼和食堂等建筑物应采用绿色建材，注重生态环保。在资金充裕和技术成熟的条件下，高校还应积极建设集雨装置、太阳能收集设备等生态科技装置，以提升校园的生态科技水平。

通过这些措施，高校不仅能够提升自身的生态物质文明水平，还能够为师生提供一个优美、整洁、环保的学习和生活环境。这种环境不仅有助于提高师生的生态文明素养，还能通过潜移默化的影响，培养其环保意识和责任感，从而为全社会的生态文明建设贡献力量。

二、校园生态精神文明的建设

生态文明校园不仅体现在物质层面的绿色环保和干净美丽，更体现在精神文明的层面。高校的生态精神文明从狭义上讲，就是大学精神层面上所洋溢的环保、绿色和可持续发展的文化。这种精神不仅在大学的办学理念和价值取向中得以体现，更反映在高校师生的精神面貌上。加强高校生态精神文明建设，应从以下三个方面入手。

第一，应从顶层设计着手，将生态文明理念纳入高校的顶层设计中。在具体的办公、科研、教学、管理和服务中，全面弘扬和传播生态文明理念，确保生态精神融入校园的各个方面。在具体的校园建设中，要将生态文明建设纳入高校总体规划。在教育与教学过程中渗透生态文明思想，培养具有生态文明观念的人才。在日常生活管理中，加强生态文明管理，开展各种生态文明创建活动，建设绿色办公区、绿色教学区、绿色生活区和绿色休闲区，在校园内营造浓厚的"绿色生态环保"氛围。

第二，建立相应的生态文明制度与保障机制也是高校生态精神文明建设的重要组成部分。通过完善的制度设计和保障机制，确保生态文明理念在高校各个层面的落实与执行。

第三，高校应传承和弘扬本校优秀的生态文化。例如某些高校的"跳蚤市场"文化，毕业生将无法带走的物资以低于市场的价格在指定时间和地点进行拍卖，这种做法不仅对毕业生和在校生有益，更是一种有效的资源循环，体现了生态文明的理念。这种文化传统应当继续传承和发扬。再比如一些高校的生态科技文化艺术节，这类文化活动也要不断传承和发展，通过丰富多样的形式，让生态文明理念深入人心。

高校生态精神文明建设通过以上多层次、多角度的努力，能够有效地在校园内形成一种积极向上的生态文化氛围。这不仅提升了高校的整体形象和文化品位，也为全社会的生态文明建设培养了具有环保意识和责任感的高素质人才，起到了积极的推动作用。

三、校园生态文明建设的范例

生态物质文明与生态精神文明的同步推进，使得大学校园充满了浓厚的生态文明气息。进入校园后，随处可见的生态文明元素让人感受到每一面墙壁都在散发着生态文明的独特魅力。北京林业大学是中国众多生态文明大学中的杰出代表，其校园建设堪称生态文明校园建设的典范，从物质环境到精神文化，从顶层设计到具体实施，无不彰显着生态和环保的因子。"知山知水，树木树人"是其校训，"红绿相映，全面发展"是其育人理念。

在物质方面，北京林业大学通过种植近400种植物，打造了一个美丽的校园，并将实习林场建设成国家森林公园。在文化方面，学校开设了近40门绿色文化和社会主义生态文明类公共选修课，使学生在身体和心灵上都能充分感受到生态文明的气息。北京林业大学的绿色校园环境和文化氛围，培养出了一批批为中国现代化建设贡献力量的生态文明建设人才，因此被誉为"绿色摇篮"。

类似北京林业大学的绿色校园建设模式，其他高校也有许多成功的经验可供借鉴。江西环境工程职业学院被授予"国家生态文明教育基地"称号，并被誉为"花园学府、绿色摇篮"；清华大学的生态型校园建设；湖南师范大学的"两型校园"模式；同济大学植物与建筑巧妙结合的设计；郑州大学的生态型、节约型和科普型校园建设；吉林大学注重公地绿化的做法，这些高校的生态文明校园建设经验都为其他高校提供了宝贵的参考。

生态物质文明和生态精神文明的齐抓共管，不仅提升了校园的美丽和环保水平，还在潜移默化中培养了学生的生态文明意识和责任感。这些措施不仅促进了高校内部的生态文明建设，还对全社会的生态文明进程产生了积极影响，为国家培养了大量具有生态文明素养的高素质人才。

第三节　课程协同：
整合大学生生态文明观教育的课程资源

课堂教育始终是高校思想政治教育的主阵地。利用课堂渗透对大学生进行生态文明观教育是一种非常有效的方式。构建课程与课程之间的分工合作，建设生态文明观教育课程体系，把生态文明观教育融入各课程教育中，形成全方位的课程教育体系，促进大学生生态文明观的认知教育。

一、生态文明观教育融入思想政治理论课

生态文明观是价值观教育的重要组成部分，是思想政治理论课程中不可或缺的一部分。将生态文明观教育融入思想政治理论课程，是加强大学生生态文明观教育的重要途径。

高校的思想政治理论课程体系包括多门课程，每一门课程中都包含了与生态文明观相关的内容。尽管各门课程的侧重点有所不同，但它们的最终目标是一致的，即帮助大学生树立正确的生态文明观念，并积极投身于生态文明建设。在这些课程中，通过系统讲解生态文明的基本理念和核心价值观，学生可以深刻理解人与自然和谐共生的重要性。这种教育不仅是理论层面的灌输，更是引导学生将生态文明观念内化于心、外化于行。通过分析生态环境问题的成因、影响及解决路径，学生能够认识到生态文明建设对国家和社会发展的重要意义，从而增强其环境保护的责任感和使命感。

思想政治理论课程注重培养学生的实践能力。通过案例分析、实践活动和社会调查等方式，学生可以将课堂上学到的生态文明理念应用于实际生活中，进一步强化其生态文明意识。这种理论与实践相结合的教学模式，不仅提升了学生的综合素质，也为社会培养了更多具有生态文明素养的高素质人才。

此外，思想政治理论课程还通过多种形式的教学活动，如讨论、辩论、讲座等，激发学生对生态文明问题的关注和思考，培养其批判性思维和创新能力。在这个过程中，学生不仅学会了如何科学地分析和解决生态问题，也树立了正确的价值观和人生观，坚定了为生态文明建设贡献力量的决心。

将生态文明观教育融入思想政治理论课程，不仅丰富了课程内容，提升了教育效果，更在潜移默化中培养了学生的生态文明意识和社会责任感。通过这样的教育实践，高校能够为社会输送更多具有生态文明观念和实践能力的人才，为生态文明建设和可持续发展做出积极贡献。

二、生态文明观教育融入各专业课程

培养具有生态文明观念的高素质人才是高校的重要社会责任。生态文明建设需要各个专业的人才共同努力，而每个专业的存在与发展也离不开生态环境这一大系统。因此，在专业课程中融入生态文明观教育，不仅具有理论上的可行性，也具有实践上的可操作性。专业课的教学，使得生态文明观教育更具实际意义，更加贴近生活，也能让大学生更明确自己的生态文明责任。

在专业课程教育中，教师应从本专业课程的角度出发，深入研究如何利用专业知识为社会主义生态文明建设作出贡献。在专业课程中，有机地融入生态文明相关的知识、技能和方法，使学生不仅掌握专业知识，还能将生态文明观念融入日常学习和未来职业中。通过这种方式，教师主动承担起传播生态文明观教育的责任，为生态文明建设贡献本专业的力量。

各专业课程通过具体的教学内容和实践活动，向学生传递生态文明的理念。例如，工程类专业可以通过绿色建筑设计和可持续工程实践，培养学生在实际工程项目中践行生态文明的理念；管理类专业可以通过生态经济学和绿色管理的教学，培养学生在企业管理中实施环保策略的能力；艺术类专业可以通过生态艺术创作和环保设计课程，培养学生用艺术的形式传播生态文明的意识。

这种将生态文明观教育融入各专业课程的做法，不仅提升了学生的综合素质，也增强了他们对生态文明建设的使命感和责任感。学生在掌握专业技能的同时，能够认识到生态文明在各个领域中的重要性，从而在未来的职业生涯中更加自觉地践行生态文明理念。

在各专业课程中融入生态文明观教育，使得生态文明观念不仅停留在理论层面，更在实际操作中得以体现和应用。这种教育模式有助于培养学生解决实际问题的能力，推动社会各领域的生态文明建设，为国家的可持续发展提供源源不断的人才支持。通过这种方式，高校能够在专业教育中更好地履行社会责任，培养出具有生态文明观念和实践能力的高素质人才，为建设生态文明的社会主义现代化国家贡献力量。

三、开设生态文明观教育相关课程

高校应开设专门的生态文明观教育课程，使大学生能够获得丰富且深刻的生态文明认知。目前，大学课程通常分为必修课与选修课。将生态文明课程设为必修课程通常仅限于农林类院校，而设置生态文明类必修课程的专业也较少，多数与环境生态相关。因此，高校应开设公共必修课程，专门讲授生态文明教育。这不仅能传授更多生态文明相关知识，还能引起大学生的普遍重视，营造浓厚的生态文明氛围。

此外，增加生态文明相关的选修课程也是加强生态文明观教育的一种有效方式。高校可以适当增设生态文明相关选修课程，拓宽大学生的生态文明视野。在这些选修课程中，特别应增加关于中国传统文化中生态文明思想的课程。中华五千年的历史文明中蕴含了丰富的生态文明知识，通过选修课的形式，可以让更多的大学生了解中国传统的生态文明思想，增强他们建设生态文明的文化自信。

开设生态文明观教育相关课程不仅可以提升学生的知识水平，还可以培养他们的责任意识和行动能力。必修课程确保所有学生都能接受系统的生态文明教育，而选修课程则为有兴趣深入研究的学生提供了更广阔的平台。通过这种课程设置，高校能够在教育体系中全面渗透生态文明观念，培养出更多具有生态文明意识和能力的高素质人才。

高校作为知识传播和人才培养的重要基地，应积极承担起生态文明教育的责任。开设系统的生态文明观教育课程，不仅能够提高大学生的环境保护意识，还能为国家和社会培养出更多生态文明建设的中坚力量。这种教育模式将有助于推动全社会的生态文明建设，促进人与自然和谐共生，为实现可持续发展目标做出积极贡献。

第四节　方法协同：
探索大学生生态文明观教育的多元化方法

"加强生态文明教育是高校落实立德树人根本任务、推进美丽中国建设的应有之义。"[①]对大学生进行生态文明观教育，若采取适当的方式方法，可以达到事半功倍的效果。因此，对大学生进行生态文明观教育时，方式与方法的适当组合协同显得十分重要。

一、制度间相互协同

制度是制约和影响人们行动的重要因素，把生态文明观教育纳入高校的制度体系，将有效地促进大学生良好的生态文明行为和习惯的养成。合理的制度是教育有效的保障。高校不仅要为大学生建立合理的生态文明制度，还应充分发挥制度间的相互作用，让相关制度协同配合，达到1+1＞2的效果。

（一）考核与评价机制相协同

对于大学生而言，学校的考核和评价制度与他们的切身利益息息相关，因此大学生对高校的考核体系与评价体系高度重视。将生态文明素养纳入高校大学生的考核与评价体系中，对提升大学生的生态文明行为具有直接的促进作用。

第一，将学生的生态文明素养纳入学生素质考核中，设定优、良、合格、不合格四个等级，并制定相应的标准。这一标准将成为大学生日常生活中生态文明行为习惯的指导方针。通过明确的评价标准，学生能够更清晰地理解和实践生态文明行为。评价机制应当将生态文明考核结果纳入学生的整体评价体系中，以提升学生对生态文明素养的重视程度。

第二，考核与评价机制应当协同运作。如果对素养的考核仅作为独立的考核项目，与学生的实际利益没有实质性的关联，特别是对评优评奖没有任何影响，则难以引起广大大学生的重视。因此，大学生的生态文明行为与习惯的考核结果

---

① 徐冬先 . 高校加强生态文明教育探析 [J]. 学校党建与思想教育，2024（5）：62.

应当纳入大学生评优评奖的考量范围，作为综合优秀奖项评选的一部分。例如，在三好学生的评比中，除了德、智、体、美、劳五项基础指标外，还应增加"生态文明行为"这一指标；在先进个人的评比中，也应参考其生态文明行为；在大学生综合奖学金，特别是国家奖学金的评比中，"大学生生态文明行为"可以作为重要的参考指标。

第三，对于考研考博的学生，尤其是在科研项目中对生态文明建设有积极贡献的学生，应当给予额外的加分或优先录取的权利。这种激励措施不仅能够增强大学生对生态文明建设的重视，还能积极促进高校大学生为生态文明建设做出更大的贡献。

将生态文明素养纳入大学生的考核与评价体系中，既能激发学生对生态文明的关注与实践，也能在全校范围内营造出积极的生态文明氛围。这一举措对于推动高校生态文明教育，培养具备生态文明素养的高素质人才有着重要意义和实际必要性。

（二）奖励与惩罚机制相协同

高校生态文明奖励机制，即对生态文明建设做出贡献的高校部门和个人给予物质与精神的奖励。对高校的单位，如学院、部门、班级、宿舍在生态文明建设中表现突出的，可以授予"生态文明先进集体"的称号，并给予相应的物质奖励。通过表彰先进，倡导和鼓励向先进人物学习，在日常生活中践行生态文明观。生态文明惩罚机制，即对那些破坏与扰乱生态文明建设的单位和个人予以惩罚。对单位可以进行通报批评，责令他们限时改正；对于个人进行批评教育，情节严重的给予记过处分等。建立生态文明惩罚机制，可以给予大学生一定提醒和警示作用，规范他们的生态文明行为。奖励机制和惩罚机制是对立统一的关系，从不同的方面指引着大学生的生态文明行为，两者相辅相成。建立生态文明奖励机制和惩罚机制，并把两者结合起来，奖励可以促进他们在面对生态环境时，做正确的合理的行为；惩罚能对他们错误的行为起到提醒与警示的效果；把正面引导和反面督促相结合，两个制度协同一致，合力促进大学生生态文明观教育。

（三）反馈与调节机制相协同

反馈是发现现存问题并及时传达给相关人员和机构；调节则是根据发现的问

题及时调整方针或行为。生态文明观教育的最终目标是培养行为习惯，而习惯的养成是一个循序渐进、长期培养的过程。反馈与调节机制在这一过程中具有重要的适应性和实效性。

当一名大学生出现不良生态文明行为，如乱扔垃圾、浪费水电、摘花踩草等，应及时将这些行为反馈给本人，使其意识到自己的行为问题。对于道德素质较高的学生，这种反馈会引发其内疚感，从而促使其改正行为。但对于道德素质相对较低的学生，单纯的反馈可能效果有限，因此需要调节机制的辅助。例如针对发现一次不良行为的学生，可以设定一个月内不得再犯类似行为的要求，否则将面临批评、惩戒甚至更严厉的惩罚措施。这种调节机制的引入，有助于更有效地促进大学生生态文明行为习惯的养成。

反馈与调节机制相结合，是对大学生生态文明观教育的一项有效制度安排。如果只有反馈而没有调节，可能无法引起学生的重视；反之，如果只有调节而没有反馈，则可能缺乏合理性和说服力。将反馈机制与调节机制结合，发现问题后及时反馈给行为者，并对其行为进行指导，必要时进行批评教育，既有合理性又有针对性。

生态文明行为的反馈与调节机制可以从个体和群体两个角度进行。从群体角度来看，可以将生态文明行为的反馈与调节应用于集体环境中，例如宿舍、班级、学院等，通过对群体情况的反馈和调节，间接影响个人行为。长期对个人及集体生态文明行为进行反馈和调节，有助于显著改善和提升大学生的生态文明行为。

二、理论教育法和实践教育法相协同

理论教育法是大学生生态文明观教育的基本方法之一。通过向大学生灌输完整、准确的科学生态文明思想，全面宣传生态文明建设方面的路线、方针和政策，系统地教育生态文明知识，培养生态文明的思维模式，理论教育法能有效提高大学生的生态文明素质。这种教育方法可以通过课堂教育、讲座、网络教育宣传等多种方式进行。

实践教育法，也称为实践锻炼法，是另一种关键的教育方式。通过有目的、有计划地组织和引导大学生参加各种形式的生态文明实践活动，实践教育法在实际操作中培养大学生的生态文明思维方式和生产生活方式。生态文明实践活动可以通过高校内部的创建活动，如举办相关节日活动、举行辩论赛和演讲比赛、开展生态文明学院、班级和宿舍评比等方式进行。同时，通过社会实践活动，如生态文明建设的社会调查、参观访问美丽城市与乡村等生态文明社会考察活动，以及与政府、企业、环保NGO等机构的合作，组织和鼓励大学生积极参与生态文明建设。

大学生生态文明观教育不仅需要理论教育，还需要在现实中进行实践。多实践才能让大学生建立起牢固的生态文明观。因此，将理论教育法与实践教育法相协同，就是要将"第一课堂"的课堂教育与"第二课堂"的课外活动和"第三课堂"的社会实践教育结合起来，达到知行合一，更有效地促进大学生形成良好的生态文明观。

三、榜样教育和自我教育相协同

榜样教育法，又称示范教育法或典型教育法，是思想政治教育的主要方法之一。榜样的力量巨大，能够激励、感召和引导学生。通过榜样激励大学生，鼓励他们向生态文明榜样学习，能够有效地推动生态文明观教育。生态文明榜样教育法，通过寻找生态文明建设的先进人物，宣传其先进事迹，教育大学生增强生态文明意识，树立生态文明观念。榜样示范教育应选取经典人物与事迹进行宣传，同时根据大学生的实际情况，选取身边的模范人物，使其感受到生态文明建设就在身边。此外，高校领导和教师应率先垂范，发挥引领作用。

自我教育法，即受教育者自己对自己进行思想政治教育的方法。在大学生生态文明观教育中，自我教育是指大学生根据生态文明观教育的要求与目标，通过自主接受先进的生态文明理念、科学的生态文明知识和行为规范，自觉纠正自身错误的生态文明观念和行为习惯。引导大学生进行自我教育时，首先，要激发其生态文明情感，明确自我教育的目标和要求，唤起自主意识。其次，应善于利用情境引导自我教育，如通过生态文明课程后引导反思，通过社会实践引导自我教育，在特定生态情境中从他人角度进行自我反省。个人教育与集体自我教育结合，通过集体自我教育帮助自己成长，反思和检查生态文明思想与行为。在反思的基础上，树立正确的生态文明观，继续发扬良好的生态文明行为，改正不良的生态行为和习惯。借鉴德国环境教育成功经验总结的学生环保日记，可以让大学生写一些生态文明日记，记下自己在践行生态文明观过程中的所见、所思、所感、所行、所悟，通过自我反思自我教育，促进在生态文明实践中更好地走向自律。

榜样教育为大学生树立典型，指明方向，自我教育则促进大学生自我成长。大学生群体作为受教育程度最高的群体，自我教育能力较强。如果能有好的榜样进行引导，对生态文明习惯和行为的养成有直接促进作用。从唯物辩证法角度看，内因和外因协调一致，更有利于促进事物的发展。榜样教育是外因，自我教育是内因，外因通过内因起作用。因此，将榜样教育与自我教育方法协同起来，更能有效促进大学生的生态文明观教育。

第五节　媒体协同：
利用大学生生态文明观教育的媒介平台

随着时代的发展、信息技术的进步、全媒体的到来，人们特别是大学生的思想观念受到媒体的影响日益增强。因此，利用大众媒体对大学生进行生态文明观教育越来越重要。

一、传统媒体与新媒体协同合作

传统媒体与新媒体是可以实现共存并优势互补的。生态文明观教育内容丰富，源远流长且不断发展，生态环境每天都在变化，因此，既需要传统媒体如书籍等进行记载、传承与传播，也需要新媒体进行广泛宣传与承载，以使大众了解生态文明的最新进展与变化。从社会发展的角度来看，当今社会是多元化的，每个人的阅读方式也呈现多样化趋势，多渠道的宣传与传播生态文明知识是适应时代变化的需求。

（一）传统媒体的传播优势

传统媒体作为信息传播的核心渠道，具有无可替代的地位与优势。其在权威性、深度报道、受众覆盖面等方面展现出的独特优势，使其在当代信息传播环境中依然占据重要地位。

1.内容的权威性

传统媒体凭借其长期积累的专业性和严格的新闻制作流程，展现出独特的优势。

（1）传统媒体在内容生产过程中，坚持严格的审核机制和编辑标准，确保信息的准确性和公正性。这种严谨的态度不仅提升了信息的可信度，也树立了传统媒体的权威形象。无论是在报纸、广播还是电视等传统媒介上，新闻从业者通过专业训练和丰富经验，保障了信息的高质量输出。

（2）传统媒体在重大公共事件和紧急情况中，凭借其快速反应和专业报道能力，成为公众获取可靠信息的重要渠道。在自然灾害、社会动荡等突发事件中，传统媒体往往能够迅速调动资源，进行现场报道和深度解析，为受众提供及时、准确的信息。这种权威性报道不仅满足了公众对信息的迫切需求，也在社会中建立起了信任和公信力。

（3）传统媒体在长期的新闻实践中积累了丰富的资源和人脉网络，能够获取独家信息和权威数据。通过与政府机构、科研单位、社会组织等的合作，传统媒体能够深入挖掘新闻背后的真相，进行深度调查和报道。这种资源优势使传统媒体在信息传播中具有无可替代的地位，能够为受众提供更加全面、深入的报道。

传统媒体的权威性不仅体现在新闻报道中，也体现在其文化和教育功能上。通过出版物、纪录片、专题节目等形式，传统媒体对社会文化的传承和教育起到了积极的推动作用。其内容不仅具有知识性和权威性，还兼具娱乐性和教育性，为受众提供了多层次的信息体验。

2.内容的深度报道

传统媒体以其深度的报道方式，显著区别于新兴媒体的碎片化信息传播。传统媒体如报纸、杂志和电视，通过专题报道、深度调查等手段，能够深入分析与解读社会复杂现象和问题，为受众提供更为全面的认知和理解。

（1）传统媒体在内容深度方面通过长篇专题报道展现其优势。这类报道常常涉及多方面的信息和资料，通过对事件或问题的多角度分析，使受众能够从多维度理解事件背后的深层次内涵。专题报道不仅是对事件事实的梳理，更是对其背后原因、影响和可能解决方案的深入探讨，从而为公众提供了具有启发性和深远影响的信息来源。

（2）传统媒体的深度调查报道能够挖掘事件或问题的本质和根源。通过投入大量时间和资源，深度调查报道常常揭示社会问题的深层次原因和复杂的相关因素。这种深度分析不仅展现了传统媒体在新闻报道中的独特价值，也为受众提供了有别于日常信息快餐的深刻思考和理解机会。例如通过深入调查某一社会问题的历史、背景、相关人物和政策影响，传统媒体能够帮助公众建立起更为全面的认知模型，从而促进公众对复杂问题的理性讨论和解决思路的探索。

（3）传统媒体通过长期积累的编辑团队和专业记者队伍，具备分析能力和独立判断力，能够在报道过程中保持客观中立的立场。这种专业性不仅提升了报道的权威性和可信度，也为受众提供了可靠的信息保障。通过深入报道，传统媒体不仅是事件的记录者和传播者，更是社会问题的解释者和思想引领者，为公众提供了反思与探索的空间。

传统媒体在内容的深度报道方面展现了其独特优势和不可替代的作用。通过专题报道和深度调查，传统媒体能够为受众提供更为深入的社会认知和理解，帮助公众在信息泛滥的时代中筛选出真正有价值的信息内容。这种深度报道不仅拓宽了公众的视野，也促进了社会的进步和发展。

3. 受众覆盖面广

传统媒体因其受众覆盖面广泛而保持了其在信息传播中的重要性。尽管新兴媒体的兴起改变了受众获取信息的方式，传统媒体仍然在特定人群中展现出强大的影响力和广泛的受众覆盖面。

（1）传统媒体通过广播、电视和报纸等形式，在地区性和全国性范围内均能够覆盖到各个年龄层次和社会阶层的受众群体。特别是在边远地区和经济条件相对落后的地方，传统媒体仍然是主要的信息来源，因其能够以较低的技术门槛和成本覆盖更广泛的群体。

（2）传统媒体在特定人群中的渗透力和影响力尤为显著。老年人群、低收入人群及习惯于传统生活方式的群体，依然习惯通过传统媒体获取信息。例如广播节目和报纸刊物通过定期发布具有广泛吸引力的内容，满足了这些群体对多样化信息的需求，同时也帮助他们保持社会参与感和信息更新的步伐。

（3）传统媒体在信息传播的过程中具有更高的信任度和可信赖性。长期积累的专业性与严格的新闻伦理使得传统媒体能够提供经过深思熟虑和多角度考量的报道，这种深度报道能够吸引更广泛的受众，并为其提供有价值的社会观察和分析。

因此，尽管新媒体发展迅速，传统媒体仍因其广泛的受众覆盖面和深厚的信任基础，继续在信息传播中发挥不可替代的作用。传统媒体通过多样的形式和内容，满足不同群体的信息需求，促进社会信息的公平获取和广泛传播，从而对社会的发展和公众意识形态的塑造产生积极影响。

（二）新媒体的传播优势

由于新兴媒体的快速发展和普及，其在信息传播中具备显著的优势。新媒体以其即时性、互动性和多媒体融合等特点，迅速赢得了广泛的受众青睐和使用。

1. 即时性

（1）新媒体的即时性主要体现在其能够迅速响应与传递最新事件和消息的能力上。新媒体平台如社交媒体、新闻客户端和网络直播等，通过即时更新和推送功能，使用户能够第一时间获知各类新闻事件的最新进展。这种即时性不仅满足了受众对实时信息的迫切需求，还提高了信息传播的效率和速度，有效地缩短了信息传递的时间窗口。

（2）新媒体在即时性方面的优势体现在其能够快速响应与处理突发事件和紧急情况上。通过实时报道和推送，新媒体可以迅速将重要事件、灾难消息或公共危机等信息传播给广大受众，帮助公众迅速了解和应对。这种能力不仅在应急救援和公共安全管理中具有重要意义，还加强了公众对新媒体作为信息获取渠道的信任和依赖。

（3）新媒体的即时性也促进了信息传播与社会互动的实时性和即时性。用户在新媒体平台上可以即时发表评论、转发信息，参与各类热点话题的讨论和互动。这种实时性的互动机制不仅拉近了受众与信息之间的距离，还推动了信息的传播和社会舆论的形成，对于促进公众参与和民意表达具有重要意义。

新媒体以其强大的即时性特征，极大地改变了信息传播的模式和速度，不仅满足了受众对实时信息的迫切需求，还促进了社会互动和公众参与的广泛发展。新媒体即时性的提升，对于推动社会信息化进程和提高信息传播效率起到了积极的推动作用。

2. 互动性

新媒体的互动性是其与传统媒体显著不同之处，也是其在信息传播领域中具有突出优势的重要特征。

（1）新媒体平台如社交媒体、网络论坛和博客等，通过即时互动的功能，使用户能够迅速回应和参与各类信息内容的讨论与交流。这种即时互动不仅加强了信息发布者与受众之间的直接联系，还促进了信息内容的多样化和个性化，使信息传播更加立体和丰富。

（2）新媒体的互动性体现在其开放性和参与性上。用户可以通过评论、点赞、分享等功能，直接参与到信息传播的过程中，表达自己的观点和态度，形成多方互动和多声音共存的格局。这种开放的传播机制不仅扩展了信息的传播路径，还提升了公众参与的积极性和满意度，从而促进了社会的信息流动和民意的表达。

（3）新媒体平台还通过社群建设和个性化推荐等机制，进一步加强了互动性的体验。通过建立社群和用户群体，新媒体不仅能够精准定位受众需求，还能够针对性地提供个性化的信息推送和互动服务，增强用户黏性和参与感。这种定制化的互动体验不仅增加了用户对新媒体平台的依赖性，也促进了信息传播效果的最大化和社会互动的深度发展。

新媒体以其强大的互动性特征，显著提升了信息传播的广度和深度，不仅满足了用户对多样化信息的需求，还促进了社会信息的广泛流动和公众参与的积极性。

3. 多媒体融合

多媒体融合是通过整合文字、图片、音频、视频等多种形式的媒体资源，丰富信息内容的表达形式和传播效果。

（1）新媒体平台如社交媒体、新闻客户端和视频分享网站等，通过多媒体融合的方式，能够同时提供文字报道、图片展示、音频播放和视频呈现等多样化的信息形式。这种多媒体的集成不仅丰富了信息内容的呈现方式，还提升了信息的视觉和听觉吸引力，使受众能够更加全面地理解和感知信息的内涵。

（2）新媒体的多媒体融合还强化了信息传播的互动性和参与感。通过视频直播、互动评论、用户生成内容等功能，新媒体平台能够实现信息内容的实时更新和用户参与的即时反馈，增强了受众与内容之间的互动性和共享性。例如用户可以通过视频直播参与实时讨论，通过评论与分享和他人交流看法，从而形成信息传播的多向互动模式，推动信息在社会中的广泛传播和共享。

（3）新媒体的多媒体融合还促进了信息内容的个性化和定制化。通过智能推荐算法和个性化内容推送，新媒体平台能够根据用户的偏好和行为习惯，精准地推送符合用户兴趣的多媒体内容，提升用户体验和参与感。这种定制化的信息传播模式不仅增加了用户对平台的依赖和黏性，还有效提升了信息传播的效果和影响力，推动了新媒体在社会信息流动中的重要作用。

新媒体的多媒体融合不仅丰富了信息传播的表达形式和传播效果，还强化了信息的互动性和参与感，促进了信息内容的个性化和定制化。

二、系统构建网络媒体教育平台

随着信息社会的不断发展，新兴媒体的影响力日益增强，全媒体时代已然到来，新闻客户端和各类社交媒体已成为年轻人特别是大学生的主要信息源。生态文明观教育应紧跟时代潮流，因时而谋，应势而为，加大互联网与生态文明观教育的融合力度，利用网络载体对大学生进行生态文明观教育，从而增强社会主义生态文明观的传播力、影响力和引导力。特别是通过网络媒体对大学生进行生态文明观的宣传教育。

第一，高校应建立相应的生态文明网页、微博和微信等公众号，并对它们的职能进行明确分工。生态文明网页主要负责知识类的宣传教育，设置生态文明相关课程，将生态文明讲座、音乐、影视剧、微视频、故事等内容放置于网页中，使其内容丰富、形式多样。微博与微信公众号则主要报道国际国内的生态文明新闻及高校内的生态文明建设活动。这些公众号应当作为一个系统来建设，在进行生态文明宣传时，内容要丰富多彩，既关注最新时事也要联系历史，报道国内生态文明进展也要关注国际生态文明的发展变化。形式上应多样化，包括声音、文字、图画、视频和评论互动空间，以大学生喜闻乐见的方式进行传播和报道。

第二，各个独立的系统要注重与外界的能量、物质和信息交流，搭建生态文明教育网络平台系统，将生态文明教育网站、微信和微博公众号链接在每一个公众号的网页中，让大学生总能找到一种适合自己了解相关生态文明知识的网络渠道。这种系统构建不仅能够全面提升大学生对生态文明观的认知和理解，还能在更大范围内传播生态文明理念，推动生态文明观教育的深入开展和广泛传播。

三、积极发挥传统媒体的传播优势

传统媒体在生态文明观教育中的作用不容忽视。电视、电台、书籍、杂志、报纸等传统媒体，通过其独特的传播方式，能够有效地传递生态文明理念，并发挥不可替代的优势。在大学生群体中，这些媒体形式具有更大的影响力和渗透力。

大学生普遍具备较高的知识文化水平，阅读报纸、杂志和书籍不仅不会对其构成障碍，反而能够更好地满足他们获取知识的需求。传统媒体的印刷品，如生态文明相关的报纸、杂志和书籍，能够提供丰富的信息资源，方便大学生根据自己的兴趣和需求进行选择性阅读。高校图书馆应积极购入生态文明相关的图书和期刊，提供充足的阅读材料，以满足大学生对生态文明知识的需求。此外，利用传统印刷品制作海报或张贴指示牌，可以在校园内进行广泛的生态文明观教育，使学生在日常生活中时刻受到生态文明的熏陶和提醒。

校园广播作为高校独特的传播工具，覆盖面广，传播速度快，具有显著的传播优势。在中午和傍晚时分，校园广播可以在全校范围内传播生态文明知识。通过在校园广播中设置《生态文明之声》节目，每天定时播放有关生态文明的内容，使大学生能够在潜移默化中提升生态文明意识。广播的声音传播形式，可以在无形中影响大学生的认知和行为，起到潜移默化的教育作用。

电视载体虽然在高校校园中逐渐被大型电子屏幕和长条滚动屏幕所取代，但这些新的传播载体同样具备电视的传播优势。电子屏幕和滚动屏幕可以播放生态文明相关的短片、文字及图像，及时传递国家发布的生态文明思想和政策，宣传有关生态文明的节日和活动，增强大学生对生态文明建设的认知和参与感。这些视觉传播工具，能够直观、生动地展示生态文明的内容，使大学生在潜移默化中接受教育，感受到国家和学校对生态文明建设的重视。

传统媒体通过其独特的传播形式，在大学生群体中发挥着重要的教育作用。报纸、杂志、书籍等印刷媒体提供了丰富的信息资源，方便大学生自主选择和深入阅读。校园广播作为有声媒体，覆盖面广，传播速度快，能够有效传播生态文明知识，提升学生的生态文明意识。大型电子屏幕和滚动屏幕作为现代化的视觉传播工具，直观、生动地展示生态文明内容，增强大学生的认知和参与感。利用传统媒体的传播优势，可以全面、系统地开展生态文明观教育，促进大学生生态文明素养的提升。

第六章　大学生生态人格培育的多维路径

"生态人格是适应人类文明新形态的一种新型道德人格，高校深化开展生态人格培育，积极探索符合新时代发展的人格培育新路径，是建设生态文明社会的时代要求，也是实现人的全面发展以及人与自然和谐发展的现实需要。"[①]大学生生态人格的形成与完善主要依赖外在的教育影响和必要的相关保障，以及自我的内在模塑。因此，新时代大学生生态人格的培育既要发挥出家庭、学校、社会教育的合力，也要健全必要的培育保障机制，同时，新时代大学生自身也必须不断提升生态人格的自我培育能力。

第一节　激发大学生人格培育的教育合力

无论是家庭、社会还是学校，都是影响新时代大学生生态人格培育的重要因素。加强新时代大学生的教育，帮助其生态人格完善，应该充分激发出家庭、社会、学校教育的合力，让家庭教育的基础作用、社会教育的延伸作用、学校教育的关键作用竞相进发，齐头并进。

一、重视家庭教育的作用

父母是孩子的第一任老师，家庭是孩子成长的第一课堂，新时代大学生生态人格培育必须重视家庭教育的基础作用。

（一）营造良好的家风环境

家庭环境作为个体社会化的重要场所，对于个体人格和行为习惯的形成具有深远的影响。家庭不仅是物质生活的空间，更是价值观、行为规范和文化传承的载体。父母作为家庭的核心成员，其行为和习惯无疑对整个家庭氛围的形成起着

---

① 白雪妍. 大学生生态人格培育路径探究 [J]. 产业与科技论坛，2023，22（13）193.

决定性的作用。因此，父母应当自觉承担起营造良好家风环境的责任，通过日常生活中的点滴行动，为孩子树立良好的榜样，从而在潜移默化中引导孩子养成良好的行为习惯和生态文明意识。

家庭是社会的基本单元，在这一过程中发挥着不可替代的作用。父母通过养成勤俭节约、保护环境的习惯，不仅为家庭节省了资源，更为子女树立了榜样。父母的行为具有强烈的示范效应，孩子在日常生活中耳濡目染，往往会不自觉地模仿和学习。因此，父母在日常生活中自觉节约用水用电、合理进行垃圾分类、尽量选择绿色出行方式、减少一次性用品的使用等行为，不仅是对环境的保护，更是对孩子进行生态人格教育的具体体现。

此外，行为引导是一种直观的教育方式，具有其他教育方式不可替代的优势。与口头教育相比，父母的行为更具说服力和感染力。通过自身的言行，父母能够直观地向孩子传递正确的价值观和行为规范。这种教育方式不仅能够有效地增强孩子的环境保护意识，还能够帮助孩子养成良好的生活习惯，为其未来的发展奠定坚实的基础。此外，父母良好的生态行为习惯还能够增强家庭成员之间的互动与合作，进一步巩固家庭的凝聚力与和谐氛围。

良好的家风环境不仅是孩子健康成长的保障，也是社会文明进步的重要体现。家风作为一种无形的力量，通过家庭成员的言传身教，影响着孩子的思想和行为。父母在日常生活中自觉践行生态文明，不仅有助于培养孩子的环保意识和行为习惯，还能够通过家庭这一微观社会单元，推动整个社会的生态文明建设。家庭成员共同遵守和践行良好的生态行为规范，不仅能够提高家庭的生活质量，还能够为社会的可持续发展贡献力量。

在家庭教育中，父母的榜样作用尤为重要。通过自身的实际行动，父母能够向孩子传递积极的生态价值观，帮助孩子树立正确的生态观念和行为规范。这种潜移默化的教育方式，不仅能够增强孩子的环保意识，还能够帮助孩子养成勤俭节约、珍惜资源的良好习惯。父母良好的生态行为习惯，不仅是对孩子进行生态人格教育的重要手段，也是孩子形成良好生态文明习惯的有益前提。

（二）重视孩子生态人格的培育

父母作为孩子的第一任老师，应当转变观念，将孩子生态人格的培育放在与学业成绩同等重要的位置上。父母需要突破传统观念，将孩子的人格养成与学业成绩提升有机结合起来，既注重学术教育，又重视生态人格的培育。

生态人格的培育不仅有助于孩子全面素质的提升，更对其未来的社会责任感和环保意识具有重要意义。通过引导孩子参与各类生态环保宣传、实践和旅游活动，父母可以有效地培养孩子的生态意识和责任感。这种参与不仅是对孩子认知能力的拓展，更是对其情感和精神的深层次熏陶。在生态实践中，孩子能够切身感受到作为公民在保护生态环境中的重要价值，从而增强其社会生态责任感与环保主动意识。

父母带领孩子积极参与生态活动，不仅有助于其生态人格的培养，还能够丰富其生活经验，提升其综合素质。通过亲身参与社区环保活动，如植树、张贴绿色标语等，孩子能够在实践中感受到环保行动的现实意义。这种体验式教育有助于增强其环保意识，并在实际行动中践行环保理念。生态旅游则为孩子提供了一个感受自然与文化的机会，通过近距离接触自然景观和人文景观，孩子能够在美的享受中积累生态情感，从而为其未来的生态价值观和行为准则奠定坚实的基础。

孩子在生态活动中的体验和感悟，是其生态人格形成的重要环节。通过感受自然风光的壮阔美丽和文化遗产的独特魅力，孩子不仅能够获得感官上的愉悦，更能够在精神层面得到升华。这种体验有助于其形成热爱自然、尊重文化的态度，并在日常生活中自觉地践行环保行为。生态人格的培育不仅是对孩子个体发展的关注，更是对社会可持续发展的贡献。

生态教育作为综合素质教育的重要组成部分，应当引起父母的高度重视。父母在培养孩子学业成绩的同时，须关注其生态人格的培育，通过多种形式的生态实践和体验活动，帮助孩子建立起强烈的生态意识和责任感。生态人格的形成，不仅关乎孩子的全面发展，更对社会的整体生态文明建设具有重要影响。家庭作为社会的基本单元，其教育方式和理念的转变，对于社会生态文明进步具有重要的推动作用。

（三）加强与学校沟通，发挥协同力量

在现代教育体系中，家庭与学校的紧密协作对学生全面发展的重要性日益凸显。特别是在孩子步入大学校园后，父母与孩子之间的直接交流机会减少，父母需要通过加强与学校的沟通来弥补这一不足。通过与学校老师、辅导员等教育工

作者的有效沟通，父母可以及时掌握孩子的心理状态和行为动态，从而在教育过程中形成协同效应，促进孩子的生态人格培育。

父母与学校之间的沟通不仅是信息的传递，更是教育理念和方法的共享。学校在大学生生态人格培育方面有着丰富的经验和专业的教育资源，父母通过积极参与和配合学校的各项生态教育活动，可以更好地了解和支持孩子的成长过程。通过与学校保持紧密联系，父母能够在孩子的教育过程中发挥更为积极的作用，从而在家庭和学校两个教育阵地之间形成合力，推动孩子生态人格的全面发展。

协同教育的优势在于能够充分整合家庭和学校的教育资源，使教育效果达到最大化。在孩子步入大学后，学校不仅是知识传授的场所，更是人格塑造和社会责任感培养的重要基地。父母通过加强与学校的沟通，可以了解学校在生态人格教育方面的具体举措和活动安排，从而在家庭中继续强化和延伸这些教育内容。通过这种无缝衔接的教育模式，孩子能够在多维度、多层次的教育环境中不断成长和进步。

父母在与学校沟通中，不仅要关注孩子的学业表现，还应重视其心理健康和生态意识的培养。通过定期与学校教师和辅导员沟通，父母可以及时发现并解决孩子在成长过程中遇到的各种问题，确保其在身心健康和人格发展的道路上顺利前行。与此同时，父母也可以通过与学校的合作，获取更多关于生态教育的知识和方法，从而更有效地在家庭中实施生态教育，增强孩子的生态责任感和环保意识。

加强与学校的沟通，不仅是父母对孩子教育的责任，也是对社会生态文明建设的贡献。通过发挥家庭和学校的协同力量，孩子能够在更加全面和立体的教育环境中，健康成长，全面发展。父母在这一过程中，既是孩子的支持者，也是生态教育的践行者，通过与学校的紧密合作，共同为孩子的未来和社会的可持续发展奠定坚实的基础。

在当今社会，生态文明建设已成为全社会的共识和目标。大学生作为未来社会的建设者和接班人，其生态人格的培养具有重要意义。家庭和学校作为教育的两个重要场所，只有通过密切合作和有效沟通，才能更好地完成这一教育任务。父母通过与学校的紧密联系，不仅可以更全面地了解和支持孩子的成长，还能够在学校的指导下，科学有效地进行生态教育，帮助孩子树立正确的生态价值观和行为准则。

二、发挥社会教育的作用

社会氛围与大学生生态人格有着密切联系，良好的社会生态氛围会推动新时代大学生生态人格的培育，而落后的社会生态氛围将会阻碍新时代大学生生态人格的发展。加强新时代大学生生态人格培育必须充分发挥出社会教育对大学生生态人格培育的延伸作用。

（一）发挥政府的积极引导作用

政府部门应积极贯彻落实党中央关于推进生态文明建设的政策法规，通过线上线下多种平台向公众广泛宣传生态环境保护的政策、制度及要求。通过采用易于理解、广受欢迎的形式，政府可以有效地提升公众对生态环境保护政策的认知和理解，从而增强全民环保意识和参与度。在特定的节日，如植树节、世界环境日、地球日和劳动节等，政府应组织大学生和社会各界参与主题环保活动。这不仅能提高大学生的生态参与积极性和主动性，还能在社会范围内营造浓厚的环保氛围，发挥政府在生态环保工作中的积极引导作用。这种活动通过实际行动，将生态保护的理念深入人心，使大学生在参与中增强生态责任感和环保意识，进而推动全社会生态文明建设。

第一，政府在推进生态文明建设的过程中，应加强与高校的联系，充分支持高校在生态教育方面的工作。通过提供多样化的生态教育素材，政府可以帮助高校开发适合大学生生态人格培育的教材和课程内容。这种协作不仅能丰富高校的教学资源，还能确保生态教育的内容更加贴近现实和实际需求，从而提高教育的效果和实效性。

第二，政府可以通过政策引导和资金支持，鼓励高校在生态教育领域的创新和探索。通过设立专项基金、奖励优秀生态教育项目等方式，政府可以激发高校在生态教育方面的积极性，推动形成多样化的生态教育模式。这种政策支持不仅能提高大学生的生态素养，还能为我国的生态文明建设培养更多高素质的人才。

第三，政府可以通过组织各类生态教育研讨会、培训班等活动，促进高校教师和生态专家之间的交流与合作。分享经验和先进做法，可以推动高校不断改进与完善生态教育的内容和方法。这种持续的交流和合作，不仅能提升高校生态教育的水平，还能为大学生提供更多参与生态保护实践的机会，从而增强其生态人格的培养效果。

第四，政府应加强对生态教育成效的评估和监督，确保各项生态教育措施的落实和效果。通过建立科学的评估体系，政府可以及时发现和解决生态教育中存在的问题，确保生态教育的质量和效果。与此同时，政府可以通过宣传优秀的生态教育案例，树立典型，推广先进经验，进一步推动全社会的生态文明建设。

政府在美丽中国建设和大学生生态人格培育中的积极引导作用，不仅关乎当前的生态环境保护，更关乎国家的长远发展。通过多方面、多层次的政策支持和引导，政府可以有效推动生态文明建设的深入开展，为实现美丽中国的宏伟目标奠定坚实的基础。同时，通过强化大学生的生态人格培育，政府能够培养出更多具有生态责任感和环保意识的高素质人才，为我国的可持续发展提供有力保障。

（二）发挥环保组织的影响力

我国环保组织的数量庞大，如自然之友、北京地球村、绿色家园志愿者、中华环保基金会、中国小动物保护协会等。这些组织在实践和成长过程中已经相当成熟，具备丰富的生态保护经验和广泛的社会影响力。通过开展生态讲座、组织生态培训、维护生态权益和出版环保书籍等多种形式的活动，这些组织能够有效传播环保知识，增强公众的生态意识。社会及高校应积极鼓励各类非政府环保组织进入高校，开展多种形式的生态环保宣传活动，以帮助大学生增加对环保知识的认识，激发其对生态环境保护的责任感。

环保组织的影响力较高校环保社团更加成熟，能够为大学生提供更加广阔的平台和丰富的资源。大学生可以通过加入这些环保组织，借助其成熟的运作模式和广泛的社会网络，参与到各种生态环保宣传、体验与实践活动中。在这一过程中，大学生不仅可以获得宝贵的实践经验，还能够在具体的环保行动中锻炼社会责任感，丰富其生态人格。这种深入的参与和体验，有助于大学生在实际行动中践行环保理念，从而增强其在推进我国生态文明建设中的主体性、创造力及能动性。

第一，环保组织通过与高校的合作，可以在校园内外开展各种形式的环保宣传活动，普及生态知识，倡导环保理念。这种合作不仅能够提高大学生的环保意识，还能够促进高校生态教育的深入发展。非政府环保组织的专业知识和实践经验，可以为高校的生态教育提供有力支持，帮助高校更好地培养具备生态责任感和实践能力的高素质人才。

第二，环保组织可以通过组织大学生参与实际的环保项目，进一步增强其社会责任感和实践能力。通过参与这些项目，大学生能够了解生态保护的实际需求和挑战，从而在具体的行动中锻炼其解决问题的能力和团队合作精神。这种实战经验，不仅有助于大学生在未来职业生涯中更好地应对各种挑战，还能够为社会培养出更多具有实践能力和责任感的环保人才。

第三，环保组织通过出版环保书籍、制作宣传资料、举办环保展览等多种形式，向社会大众传播环保知识，增强公众的生态意识。这种广泛的宣传和教育，有助于在全社会范围内营造浓厚的环保氛围，推动生态文明建设的深入开展。

通过发挥环保组织的影响力，社会和高校能够更好地推动生态文明建设。非政府环保组织的专业知识、实践经验和广泛的社会影响力，能够为大学生提供宝贵的学习和实践机会，帮助其增强生态责任感和实践能力。在这一过程中，大学生不仅能够获得丰富的环保知识和实践经验，还能够在实际行动中践行环保理念，提升其在推进生态文明建设中的主体性和能动性。非政府环保组织与高校的合作，将为我国生态文明建设注入新的活力，为实现可持续发展的宏伟目标提供有力保障。

（三）发挥媒体的正面宣传引导

在现代社会，媒体作为信息传播的重要载体，具有强烈的舆论导向功能，其作用不容忽视。通过合理利用媒体，政府及社会各界能够有效发挥其在生态文明建设中的正面宣传引导作用，推动社会生态意识的提升和生态人格的培育。

互联网技术的迅猛发展使得大学生获取信息的渠道日益丰富。他们可以通过电脑、手机等工具，利用一些App，以及各大门户网站获取海量信息。针对这一现状，媒体应在生态环保宣传中承担起更为积极的角色。通过在各类报纸、期刊、杂志、书籍上刊发生态环保理论及生态普及知识，可以系统性地提升大学生对生态保护的认知水平。媒体还可以动员文艺界力量，拍摄体现环保题材的影视剧，通过塑造典型人物形象，为大学生生态人格的培育提供生动的榜样示范。

公益广告的拍摄和播出也是媒体发挥正面宣传引导作用的重要途径。通过这些广告，媒体可以强调人与自然的和谐关系，唤起大学生对生态环境保护的关注和行动。此外，开通绿色网站，及时发布生态环境政策、生态治理情况、生态环保特殊事迹及案例等，能够为大学生提供丰富的学习资源和实践案例，增强其环保意识和行动力。

在自媒体时代，各种自媒体平台的影响力不断扩大。媒体可以在这些平台上开通专属生态环保频道，积极推广生态环境保护的理念和实践成果。通过这些平台，媒体能够及时推送各类生态环境保护的工作进展，从理论到实践全方位覆盖。各级环保部门推出的微信公众号，正是有益的尝试，值得进一步推广和完善。

利用社交媒体平台发起环保话题互动，能够有效调动大学生参与环保工作的热情。通过微信、微博、QQ等平台，媒体可以鼓励大学生发表个人观点，提出创新性方案。这种互动不仅能增强大学生的主人翁意识，还能提高其社会责任感，推动其积极参与生态环保实践。媒体在这一过程中，起到了桥梁和纽带的作用，将大学生的个体力量凝聚成推动生态文明建设的强大合力。

媒体在生态文明建设中的正面宣传引导作用，对大学生生态人格的培育具有重要意义。通过多渠道、多形式的宣传和教育，媒体可以有效提升大学生的生态意识和环保素养，激发其参与生态环境保护的积极性。政府及社会各界应充分认识到媒体的特殊作用，合理利用其平台和资源，共同推进生态文明建设，实现人与自然的和谐共生。

（四）倡导绿色消费观念和绿色消费习惯

全社会应当积极营造良好的生态环境氛围，倡导绿色消费观念和绿色消费习惯，以帮助大学生在这一氛围中形成正确的消费观念和消费习惯。积极的政策引导和社会宣传，可以推动绿色消费成为主流观念，促进生态文明建设。

政府通过出台相关规定，例如限行措施，以及对公共交通公司的政策支持，可以鼓励人们选择更加环保的出行方式。这不仅有助于减少城市交通拥堵和空气污染，还能培养市民的绿色出行习惯，从而逐步改变大众的消费模式和生活方式。

绿色消费观念的倡导需要多方合作，共同推进。媒体应充分发挥其舆论导向作用，通过报纸、电视、网络等多种渠道广泛宣传绿色消费的理念和实践，普及绿色消费知识，提升公众的环保意识。教育机构可以在课程设置中增加生态文明和绿色消费的内容，使学生从小树立绿色消费的观念，并在日常生活中加以实践。社会组织和企业也应积极参与，通过各种环保活动和绿色产品推广，引导消费者选择绿色消费。

　　大学生作为未来社会的中坚力量，其消费观念和习惯对于社会整体的消费模式具有重要影响。在良好的社会氛围和政策引导下，大学生可以更容易接受和践行绿色消费观念。通过校园宣传和实际体验，大学生可以深入了解绿色消费的重要性，并在日常生活中积极践行，如选择环保产品、减少一次性用品的使用、倡导资源循环利用等。这不仅有助于其自身环保素养的提升，还能通过示范效应影响身边的人，推动绿色消费观念的广泛传播。

　　绿色消费观念的形成和推广需要一个长期的过程，需要政府、媒体、教育机构、社会组织和企业的共同努力。多方合作和积极宣传，可以在全社会范围内逐步形成崇尚绿色消费的良好氛围，促进社会整体消费模式的转变。政府的政策引导、媒体的宣传报道、教育机构的知识普及、社会组织的活动推广和企业的绿色产品开发，都是推动绿色消费观念的重要力量。

三、强化学校教育的作用

　　新时代大学生多数时间是在校园里度过，学校教育是大学生生态人格形成完善的关键环节。要使大学生生态人格走向至善境界，高校须充分发挥出高校在大学生生态人格培育上的关键作用。

（一）完善校园生态文化建设

　　新时代大学生长期生活在校园当中，校园生态文化对大学生有着极强导向、激励作用。

1.注重绿色校园建设

　　高校应当高度重视绿色校园建设，以全面提升校园的生态环境质量，满足学生的生态审美需求。在校园建筑设计方面，应本着绿色发展理念，将多种绿色元素融入建筑规划中，确保建筑在设计和建造过程中遵循环保原则，最大限度地减少能源消耗和环境污染。这不仅能够提升校园的整体环境质量，还能为学生提供一个健康、舒适的学习和生活空间。

　　（1）合理规划校园空地，种植多样化的花草树木，不仅可以提升校园的美观度，还能净化空气、调节温度，营造出充满生机与活力的校园生态环境。绿化面积的增加，使得校园不仅是学习的场所，更是一个人与自然和谐共生的生态系统。通过绿化建设，学生能够在日常生活中感受到自然的美好，培养出良好的生态意识和环保习惯。

（2）积极推进垃圾分类工作，这对于绿色校园建设具有重要意义。在校园内合理分布垃圾桶，确保每个垃圾桶都具有明显的分类标志，如可回收物、有毒有害物质、不可回收物等，使学生能够方便地进行垃圾分类处理。垃圾分类的宣传和教育，可以增强学生的环保意识，让他们在日常生活中自觉进行垃圾分类，减少环境污染，促进资源的循环利用。

（3）开展各种环保活动和教育项目，进一步推动绿色校园建设。例如组织生态环保讲座、开展环保志愿服务活动、举办绿色校园文化节等，通过多样化的形式，让学生在参与中提升环保知识，增强环保意识。这样的活动不仅能够丰富学生的课外生活，还能在潜移默化中培养其环保责任感和实践能力。

绿色校园建设不仅是高校环境保护的重要举措，也是提升学生综合素质和培养生态文明的重要途径。通过注重绿色校园建设，高校能够为学生提供一个优美、健康的学习环境，同时也为社会培养出更多具备生态意识和环保素养的高素质人才。高校应在绿色校园建设中发挥引领作用，以实际行动推动生态文明建设，为实现可持续发展贡献力量。

2. 设置生态环境保护专栏

高校应充分利用标志牌、报刊栏和宣传栏的宣传引导作用，通过多种形式推进生态环境保护教育。设置生态环境保护专栏是提升学生生态认知能力的重要举措。学校可以在报刊栏中专门开辟生态环境保护专栏，定期更新与生态保护相关的内容。这种方式能够在潜移默化中影响学生，使其不断增强对生态环境保护的认识和重视。

（1）各学院和社团应积极参与，定期在宣传栏内展示板报，以丰富多彩的形式普及生态环境保护知识。图片和文字相结合的方式，可以生动地展示生态环境保护的基本知识、重要性及可行做法。比如设置环保漫画专栏、环保倡议书专栏、环保小知识专栏、环保必要性专栏等，通过这些专栏，学生能够直观地了解环保知识，增强环保意识，进而形成良好的生态行为习惯。

（2）学校有关部门应设计并安装多个具有学校及环保特色的标志牌。如节水节电标志、爱护校园花草树木标志、节约用纸标志、垃圾分类标志、禁烟标志、节约粮食标志等。这些标识牌应根据其提示功能，分别张贴在宿舍、教室、卫生间、食堂、校园等不同场所。通过这些标志牌的提醒和警示作用，学生在日常生活中会不断受到生态行为的引导和规范，有助于他们逐渐形成生态自觉。

（3）学校可以通过举办环保讲座、开展环保志愿服务活动、组织生态环保主题展览等多种方式，进一步丰富生态环境保护专栏的内容。这些活动不仅能够增强学生对生态环境保护的理解和参与度，还能提升其环保实践能力和社会责任感。通过多层次、多渠道的生态环境保护宣传教育，高校能够在校园内营造出浓厚的生态文明氛围，使学生在潜移默化中养成良好的环保习惯。

3. 开展校园生态文化活动

高校要开展校园生态文化活动，应将生态文化教育作为重要任务。借助"世界环境日""世界地球日""植树节""世界粮食日""世界森林日""世界水日"等具有全球影响力的节日契机，组织多样化的主题活动。这些活动不仅能够增强大学生对生态问题的关注，还能通过参与生态主题辩论、征文比赛、环保知识竞赛、生态演讲等形式，提升他们的生态素养。这种形式的活动能够在潜移默化中引导学生形成良好的生态行为习惯，从而达到生态文化教育的长期效果。

在此基础上，高校应充分发挥校园媒体的舆论引导作用。高校通过校园广播站、校报、校园网站等传统媒体，结合新兴自媒体平台，全方位、多渠道地传播生态环境道德知识。这种传播方式不仅能够增加生态知识的覆盖面，还能通过多媒体互动形式，增强学生的参与感和学习兴趣。此外，高校通过邀请专家在这些平台进行互动答疑，能够及时解答学生在生态知识学习中的困惑，进一步促进他们对生态实践的理解和认同。

这种系统化的生态文化教育方式，有助于构建一个全面、深入的生态文化传播体系。通过多样化的活动和广泛的媒体宣传，学生能够在丰富多彩的活动中增长知识，培养责任感，增强环保意识。高校通过系统性的生态文化教育，不仅能够提高学生的生态文明素养，还能为社会培养出更多具有生态意识和责任感的公民，为生态文明建设贡献力量。这样的生态文化活动具有长期效应，不仅在短期内提高学生的生态知识水平，更在长期内影响他们的行为习惯，推动全社会生态文明进程。

（二）发挥大学生生态人格培育课程的育人功能

1. 发挥课堂的主阵地作用

课堂作为传授知识、培养思想、塑造人格的重要场所，承载着引导学生树立正确生态观念的重任。在这一过程中，课程内容的设计、教学方法的创新及教师的示范作用共同构成了有效发挥课堂主阵地作用的关键要素。

（1）课程内容的设计应紧密围绕生态文明建设的核心理念，结合当代生态环境的实际问题进行深入探讨。这不仅能够帮助学生了解生态环境保护的重要性和紧迫性，还能够引导他们思考如何在日常生活中践行生态文明理念。系统的知识讲授，使学生在理论上形成对生态环境保护的全面认识，并在思想上树立起生态优先的价值观念。

（2）教学方法的创新是确保课堂活力与教学效果的重要途径。传统的灌输式教学模式已无法满足新时代大学生多样化的学习需求。教师应积极采用互动式教学、多媒体教学、情景教学、实践教学等多种形式，调动学生的积极性和参与度。在生态教育中，可以通过实际案例分析、现场调研、模拟实验等方式，让学生在亲身体验中感受生态保护的重要性，增强他们的环保意识和行动能力。

（3）作为学生学习和模仿的对象，教师应以身作则，践行生态文明理念，在生活和教学中展示良好的环保行为。通过言传身教，教师不仅可以传授知识，更能在潜移默化中影响学生的价值观和行为习惯。教师应主动参与各种环保活动，以实际行动诠释生态文明的内涵，成为学生心中的榜样和引领者。

发挥课堂的主阵地作用，需要多方面的共同努力。通过科学合理的课程设计、创新多样的教学方法及教师的示范引领，课堂将成为大学生生态人格培育的重要平台。学校应不断探索与完善生态教育的模式和方法，切实提高学生的生态文明素养，为建设美丽中国、实现可持续发展培养更多高素质人才。

2. 设置生态人格培育公共必修课

公共必修课是学生整体素质教育的重要组成部分，具有广泛的覆盖面和深远的影响力。生态人格培育纳入公共必修课的范畴，可以系统地将生态文明理念融入学生的日常学习和生活中，全面提升其生态素养。

（1）设置生态人格培育公共必修课，有助于系统化和规范化生态教育内容。在课程设计上，应紧扣生态文明建设的核心目标，涵盖生态环境保护的基本知识、当前生态环境面临的主要挑战、国家和国际生态政策、生态伦理观等内容。系统的理论讲授，使学生可以全面理解生态文明的内涵和实践路径，树立起正确的生态价值观和责任意识。

（2）生态人格培育公共必修课应注重理论与实践的有机结合。课程不仅要传授生态知识，还应通过丰富的实践活动增强学生的生态体验和实践能力。高校可以利用校内外资源，组织学生参与生态调研、环保志愿服务、生态主题社会实践等活动，使学生在实际操作中深化对生态问题的理解，培养其解决生态问题的能力和创新意识。这种理论与实践相结合的教学模式，不仅能够提高学生的学习兴趣和参与度，还能够促使其在亲身体验中内化生态文明理念，形成良好的生态行为习惯。

（3）设置生态人格培育公共必修课，需要加强师资队伍建设。高校应重视生态教育师资的培养和发展，定期开展教师培训，提高教师的生态知识水平和教学能力。引进生态环境领域的专家学者担任课程教师，或者与环保组织、科研机构合作，拓宽教学资源和渠道，确保课程内容的科学性、前沿性和实用性。教师不仅要具备扎实的生态理论基础，还应注重教学方法的创新，善于运用多媒体、互动式教学等手段，提高教学效果。

为了更好地发挥生态人格培育公共必修课的作用，学校应建立完善的课程评估和反馈机制。高校通过学生反馈、教师评估、第三方评价等多种方式，对课程设置、教学内容、教学效果等进行全面评估，及时发现和解决问题，不断改进和完善课程体系；通过科学有效的评估机制，确保生态人格培育公共必修课能够真正发挥其育人功能，为培养具有生态文明素养的高素质人才提供有力保障。

3.开展生态专业课

开展生态专业课能够为学生提供深入的生态科学知识，培养其解决复杂生态问题的能力和创新思维。通过系统化、专业化的教学，生态专业课不仅能够增强学生的生态意识，还能为社会培养出具有高水平生态素养和专业能力的优秀人才。

（1）生态专业课的设置应当紧密结合当前生态环境领域的最新研究成果和

实际需求。课程内容应涵盖生态学基础理论、生态系统管理、环境保护政策与法规、生物多样性保护、生态技术应用等方面，使学生全面了解生态科学的各个领域。通过深入学习这些专业知识，学生能够掌握生态系统的运行机制、环境问题的成因及其解决方案，从而具备综合分析和处理生态问题的能力。

（2）生态专业课应注重实践教学与理论教学的有机结合。在理论教学方面，教师应采用先进的教学方法，如案例教学、问题导向教学、翻转课堂等，提升学生的学习兴趣和参与度。在实践教学方面，学校应积极创造条件，组织学生参与野外实习、实验室研究、生态项目调研等实践活动。通过亲身参与实际生态项目，学生可以将所学理论知识应用于实践，增强其动手能力和创新能力，同时也能够培养其团队合作精神和沟通协调能力。

（3）生态专业课的开展需要高素质的师资队伍作为保障。高校应加强生态学领域师资队伍的建设，吸引与培养一批具有丰富科研经验和教学能力的教师。同时，学校应鼓励教师不断更新知识体系，跟踪生态科学的最新进展，提升自身的教学水平和科研能力。高校可以通过组织学术交流、教学研讨、师资培训等活动，促进教师之间的交流与合作，提高整体教学质量。

通过科学合理的课程设置，理论与实践相结合的教学模式，高素质师资队伍的保障，以及多方合作机制的建立，生态专业课能够全面提升学生的生态科学素养，培养其解决生态问题的能力和创新思维，为生态文明建设和可持续发展提供有力的人才支持。

（三）助力大学生增加生态体验

生态体验是促进大学生生态人格培育最直观最易见效的手段。生态体验是一种崭新的体验形式，它克服了课堂教学中纯理论式教学的间接培育形式，让大学生走进生态，从在对各种生态关系与生态情境的体悟中，理解和领会人与自然间的各种复杂关系，激起生态意识，发展生态情感，自觉地反思并优化自身生态行为，促进生态人格的自我完善。新时代高校可以通过以下方法助力大学生增加生态体验，完善生态人格。

1. 开展生态旅游

开展生态旅游不仅能丰富学生的生态知识，还能提升他们的环境保护意识与责任感。生态旅游作为一种体验式学习形式，能够通过实际接触自然和人文景观，激发学生对生态环境的关注与热爱。

（1）高校可以结合实际经费情况和学生课程安排，组织学生前往生态旅游区、国家森林公园、湿地公园及国家自然保护区等自然景区进行生态旅游。通过观赏江河湖海、奇峰怪石、古树名木，聆听泉水叮咚、鸟语花香，品尝花果香味，学生能够切身感受到大自然的神奇与美妙。这种亲身体验不仅能净化心灵，启迪智慧，还能引导学生重新审视人与自然的关系，明确人类作为自然的一部分所应承担的责任。通过这种方式，学生的生态认知会得到不断提升，生态情感也会得到丰富，从而达到生态自觉。

（2）除了自然景区，高校可以组织学生前往人文景区进行生态旅游。在长城、龙门石窟、平遥古城、秦始皇陵等人文景观中，学生可以深入了解人类历史文化的丰富内涵，感受其独特的文化魅力。在这些景区中，学生不仅可以欣赏到历史遗迹，还能体会到人类文明发展的轨迹。这种文化熏陶能激发学生对文化遗产的爱护与传承之心，培养他们的历史责任感。组织学生参观人文景观，可以使他们更深刻地认识到保护生态环境的重要性，并激发他们的生态情感，增强他们的生态责任意识。这样，学生不仅能在观赏中获得美的享受，还能在实践中培养良好的生态行为习惯，自觉参与到维护公共生态环境的行动中。

2. 开展生态考察

生态考察是一种与学科背景紧密联系的实践活动，具有较强的专业性和目的性。其主要目的是通过实地调研，为生态课题的研究提供数据和案例支撑。这一形式不仅能激发大学生的科研兴趣，还能使他们深入了解生态环境现状，培养生态责任感与危机意识。

生态考察通常涉及对土壤、水源、大气、河流、海洋等自然环境要素的成分检测，或是对某些工厂污染情况及其治理措施的实地考察。在这一过程中，大学生可以通过科学方法，对各类生态问题进行详细调查与分析。这种实际操作能够帮助学生将课堂所学理论知识应用于实践，提高其解决实际问题的能力。通过亲身体验生态环境的现状，学生能够更直观地认识到环境污染和生态破坏给人类生产生活带来的诸多危害，从而增强其保护生态环境的紧迫感和责任感。

此外，生态考察可以培养大学生的反思和自省能力。在面对真实的生态问题时，学生需要思考自己生活中的行为是否存在不利于生态环境的因素，并通过学习和实践，努力改进这些行为，养成良好的生态道德习惯。这种自我反思和改进的过程，对于生态人格的培育具有重要意义。

为了更好地推进生态考察，高校应积极鼓励各学院组织学生申报与生态相关的实践课题。通过这些课题的研究和实地考察，学生不仅可以获取第一手资料，丰富学术研究内容，还能在实际操作中提升自己的综合能力。高校应为学生提供必要的支持和指导，确保生态考察活动能够有序开展并取得实效。

通过开展生态考察，大学生能够在真实的环境中体会到生态保护的重要性，并在实践中找到解决问题的方法。这种体验式学习不仅能提高学生的科研能力，还能增强其社会责任感，为其未来的学术研究和职业发展打下坚实的基础。高校在推进生态考察过程中，应不断总结经验，完善相关机制，确保这一教育形式能够长期、有效地开展，为培养具有高度生态意识和责任感的新时代大学生贡献力量。

3. 增加生态环保实践

常态化的生态环保实践，不仅能够提升大学生的生态自觉意识，还能够在实践中逐步培养与强化其生态责任感和主人翁意识。社团作为校园生态环保实践的主要组织形式，承担着重要的促进作用。高校应当加强对校园环保社团的支持，鼓励社团举办多样化的生态环保活动，以吸引更多大学生参与其中。例如社团可以选拔学生代表进行环保知识宣讲，利用现代科技手段如App进行日常生态行为的监督与记录，或组织植树活动、旅游景区环境保护志愿监督等，以此激励学生的参与和贡献。

此外，高校应积极与社会政府和企业组织合作，共同推动生态环保实践的开展。高校通过与政府部门联合，组织大学生参与环保知识宣讲和现场调查活动，可以让学生深入了解环境污染问题的实际情况，同时激发他们对生态环保的关注与行动。与非政府环保组织的合作，则可以为学生提供更广阔的社会平台，让他们参与环境问题的研究、解决方案的探索，以及生态行为的监督与推广。这些合作不仅丰富了学生的实践经验，还培养了他们的社会责任感和使命感，促使他们在实际行动中积极投身于生态环保事业，不断提升个体和社会的生态意识水平。

因此，通过社团和社会组织的有机结合，大学生能够在生态环保实践中全面发展，从而达到提升生态自觉意识、增强生态责任感和培养社会责任感的目标。这种积极参与生态环保实践的过程，不仅有助于个体的成长与发展，也为社会生态文明建设贡献出宝贵的人才力量和智力资源。

4.增加野外生存锻炼

野外生存锻炼是一项高度挑战性的生态体验活动，其核心在于通过真实的自然环境考验大学生的身体素质和心理承受能力，促进其生存技能的全面提升。在新时代背景下，高校应当积极提供适度的野外生存锻炼机会，旨在全面培养学生的综合素质和生态意识。这种活动通常由经验丰富的教师或专业教练带领，涵盖多种户外生存技能的实践，如徒步旅行、野外露营、野外烹饪、自我救援技能和攀岩等。

通过参与野外生存锻炼，大学生不仅面对生态环境的考验，更在身心两方面迎接挑战和成长。在这一过程中，学生通过实际操作亲身体验自然的奥妙与力量，从而深刻理解生态和谐与生命的敬畏。这种体验有助于学生意识到人类与自然的相互依存关系，进而养成尊重和爱护自然的生态习惯，培养出良好的生态道德品质和深厚的生态意识。

在野外生存锻炼中，学生能够亲近自然，感受大自然的壮丽与宁静。这种亲身体验不仅有助于他们在感官上对自然的深入理解，还能在情感上建立起对自然的热爱和敬畏之情。通过与自然的亲密接触，学生能够更深刻地认识到保护生态环境的重要性，从而在今后的学习和生活中更加自觉地践行环保理念，推动生态文明建设。

在野外环境中，学生必须共同面对各种未知和突发状况，这种紧密的合作与沟通能够培养出坚实的团队精神和集体荣誉感。此外，面对野外的困难和挑战，学生需要迅速做出决策并采取行动，这一过程能够极大地提升他们的应变能力和实际操作技能。在这一过程中，学生通过实践学习到许多书本上无法获得的知识和技能，这种体验式学习不仅丰富了他们的知识结构，还增强了其动手能力和创新思维。在自然环境中，学生可以观察与体验到各种动植物的生存状态和生态系统的运行规律，这些真实的感受和发现能够激发他们对自然科学的兴趣，进一步推动其在相关领域的深度学习和研究。

高校通过组织野外生存锻炼活动，能够有效提升大学生的生态意识水平，促进其在实践中的全面发展。这不仅有助于培养出更加积极和有责任感的社会成员，也为未来生态环境的保护与可持续发展贡献力量。通过这种高强度、高挑战的活动，学生在身心两方面都得到全面锻炼和成长，形成良好的生态道德品质和深厚的生态意志，从而在未来的生活和工作中更好地履行生态责任，推动社会的绿色发展。

第二节　健全大学生人格培育的机制体系

新时代高校等载体对大学生生态人格培育功能的发挥，以及大学生生态人格完善提供了积极的引导，是大学生生态人格完善的重要引领力量。新时代健全大学生生态人格培育机制是重要保障力量。因此，在强调高校等培育载体发挥合力的同时，也要积极健全新时代大学生生态人格培育的生态政策培育机制、生态法律法规培育机制、生态考核培育机制、生态奖惩培育机制，为新时代大学生生态人格完善提供坚强后盾。

一、健全生态政策培育机制

生态政策的制定与实施需要依赖科学的制度体系和高效的执行机制，以确保生态保护目标的实现。健全的生态政策培育机制应当从多方面入手，包括政策的制定、执行、监督及反馈等环节，形成一个完整的政策循环体系。

第一，政策制定者应充分利用最新的生态环境研究成果和数据分析，了解生态环境的现状和变化趋势，识别存在的问题和潜在的风险。同时，还须结合社会经济发展的实际需求，确保生态政策既能保护环境，又能促进经济社会的可持续发展。政策制定过程中，应广泛征求各方面的意见和建议，尤其是相关专家、学者的专业意见，以提高政策的科学性和可操作性。

第二，政府相关部门应当明确职责分工，确保政策的各项措施能够得到有效落实。加强部门间的协调与合作，避免政策执行中的推诿和扯皮现象，提高政策执行的效率。为此，应建立健全政策执行监督机制，通过定期检查、专项审计等方式，确保各项生态政策措施能够得到严格执行，防止执行过程中出现走过场或变形走样的情况。

第三，应建立透明、公正的监督体系，确保政策执行过程中的每一个环节都处于公众和监督机构的有效监督之下。鼓励社会公众、非政府组织和媒体参与生态政策的监督，通过多渠道、多层次的监督机制，提高政策执行的透明度和公信力。对违反生态政策的行为，应依法严肃处理，形成强有力的震慑作用，确保生态政策的严肃性和权威性。

第四，政策的实施效果应当得到及时评估，根据实际情况进行动态调整和改进。建立科学合理的政策评估体系，对政策执行效果进行全面、客观的评价，找出政策实施中的不足和问题，提出针对性的改进措施。政策的不断优化和完善，可以确保生态政策能够始终适应生态环境保护的实际需要，持续发挥应有的作用。

第五，应注重制度创新。面对不断变化的生态环境问题和日益复杂的生态保护需求，传统的政策工具和管理手段可能难以应对，需要通过制度创新来提升政策的有效性和适应性。例如推广应用生态补偿机制、市场化的环保机制、绿色金融等创新手段，形成多元化的生态政策工具箱，提升生态政策的灵活性和针对性。

第六，培养和提升生态政策执行队伍的专业素养及能力。通过专业培训、技能提升和人才引进，建设一支高素质的生态政策执行队伍，确保生态政策能够得到高效执行。加大对生态政策执行人员的考核力度，建立激励机制，提升他们的工作积极性和责任感，推动生态政策的高质量落实。

健全生态政策培育机制是推动生态文明建设的基础保障。科学制定政策、严格执行措施、加强监督评估、推动制度创新及培养专业队伍，可以确保生态政策的有效实施，推动生态环境保护目标的顺利实现，为建设美丽中国提供坚实的政策支持和制度保障。

二、健全生态法律法规培育机制

法律法规是规范人们行为的刚性约束，新时代健全与大学生生态人格培育有关的生态法律法规，可以为大学生生态人格的完善提供制度保障。因此，有必要积极呼吁有关部门不断健全新时代大学生生态人格培育的生态法律法规。

第一，立法部门可以进一步完善与生态环境教育有关的法律，明确规定人们在生态行为中的可为与不可为，从环境治理到乱扔垃圾等具体行为，都应制定明确的惩罚措施。这样，新时代大学生能够清楚了解生态法律，自觉约束自身的生态行为，逐步走向"生态自律"。这种法律的明确性与刚性约束有助于提升大学生的生态意识和责任感。

第二，政府及相关部门可以依据国家法律要求，结合本部门和本地区的实际情况，进一步制定详细的生态规章制度，加强对公民生活的教育、引导和规范。这将有助于新时代大学生成为知法、懂法、守法的好公民，完善其生态人格。具体措施可以包括开展生态法律知识普及活动、设立生态法律咨询服务等，通过多种形式帮助大学生深入了解并遵守生态法律法规。

第三，高校应结合国家生态法律和地方生态规章制度，制定和完善校园生态制度，如《校园生态环保行为准则》《校园生态教育制度》《校园生态考核制度》等。这些制度应对大学生的校园生态生活做出明确规范，通过有形与无形的约束，推动大学生不断走向生态自觉，完善其生态人格。高校可以通过生态法律课程、生态法规讲座等形式，进一步增强大学生对生态法律法规的认识和理解，促进其在日常生活中自觉践行生态环保理念。

健全这些生态法律法规，能够为大学生的生态人格培育提供坚实的制度保障，推动其成为具备生态自觉、生态责任感和生态行动力的新时代公民，为我国生态文明建设做出积极贡献。

三、健全生态考核培育机制

新时代大学生生态人格的培育需要一个健全的生态考核评价机制作为支撑。

第一，明确考核主体。高校及相关社会教育部门应成为新时代大学生生态考核的主要部门，参与者包括高校的学生、教师、辅导员、领导，以及社会教育部门的负责人和联系人。这种多主体参与的模式，有助于形成全方位的考核体系，确保考核的全面性和客观性。

第二，明确考核内容。新时代的生态考核评价机制需要制定明确的指标和标准，以保证对大学生的生态德育情况进行定性与定量的考察。考核内容应包括新时代大学生的生态知识、生态心理、生态道德素养、生态行为表现等方面。这种全面的考核内容能够全面反映大学生的生态人格发展情况，确保考核结果的科学性和准确性。

第三，明确考核办法。一方面，高校可以将大学生的生态德育表现纳入综合德育考核体系，采用老师评价、同学评价、辅导员评价、自我评价等多种形式，确定生态德育成绩，并使生态德育考核成绩在综合德育考评中占据特殊比重。这样可以充分调动各方力量，对大学生的生态德育情况进行全面评价。另一方面，高校可以建立大学生个人生态德育档案，定期考核大学生的生态德育情况，动态跟踪，及时纠正不合理的生态行为。这种档案制度不仅有助于对大学生的生态德育进行长期跟踪评价，也有助于对学生进行个性化教育。

这些措施，能够构建起一个科学、全面的生态考核评价机制，为新时代大学生的生态人格培育提供坚实的保障，推动他们在生态知识、生态心理、生态道德素养、生态行为等方面不断进步，成为具有高度生态自觉和生态责任感的新一代公民。

四、健全生态奖惩培育机制

新时代增强大学生生态人格培育的重要环节是建立健全生态奖惩机制，这一机制能够有效激励大学生的生态自觉行为，并约束其不当行为。

第一，在奖励方面，高校应充分利用国家奖学金、学业奖学金和单项奖学金等载体，打破传统的仅以成绩论成败的评定方式。应将大学生的生态德育情况纳入奖学金评定标准，明确规定只有生态德育考核达标的学生才有资格参评奖学金。此外，高校还应设置专门的生态文明专项奖励，如生态文明之星、生态文明优秀志愿者、生态文明标兵等，通过具体的奖励标准，对在生态文明行为上表现突出的学生颁发荣誉证书并给予物质奖励。这不仅能够激励学生的积极行为，还能推动校园内形成良好的生态氛围。

地方教育及生态环保部门也应推行针对大学生的生态文明奖励政策，对在学校和社会中表现突出，对当地生态环境治理及生态文明建设工作做出突出贡献的大学生给予物质与精神奖励。这将进一步鼓励大学生积极参与各项生态文明建设工作，逐步提升其生态认知、生态情感和生态意志。

第二，在惩罚方面，高校应明确规定生态德育考核不达标的学生在任何奖学金的参评上取消资格。对于严重违反国家及学校相关规定，出现严重生态不道德行为的学生，应定期进行谈话、教育，引导其改正；对于不思悔改者，学校应给予严重警告、批评等处分，并将其个人表现情况纳入其生态考核档案。这样能够有效遏制学生的不当行为，促进其养成良好的生态习惯。

社会教育及生态环保部门也应加强与高校间的沟通和联系，结合高校的校园生态环境规章制度，制定严格的考核办法，不定期对高校大学生进行生态文明情况抽样考核。高校对于多次违反校园规定、危害社会公共生态环境的大学生，制定相应的惩罚办法，警示其在生态行为上自觉遵守规章制度，约束不良生态行为。这一系列奖惩措施将有助于大学生形成正确的生态价值观，推动生态文明建设工作的深入开展。

五、健全生态监督培育机制

由于新时代大学生大多数时间在学校度过，因此，健全生态监督机制的关键在于高校的积极参与和推动。高校可以成立专门的大学生生态道德行为监督组织，并在各班级成立大学生生态文明行为监督小组，形成双向监督体系，对大学生的日常生态行为进行常规性指导与监督。这种体系不仅能及时督促不自觉的学生规范其生态行为，主动参与生态实践，还能够通过监督及时发现并帮助纠正学生存在的生态不道德行为。

高校应积极营造监督氛围，引导大学生进行监督与自我监督，鼓励高校领导、教师、学生及其他工作人员培养监督意识。通过鼓励全体成员真诚指出身边人的生态不道德行为，学校可以营造出良好的监督氛围，使大学生的生态行为在透明和阳光下进行。这种氛围有助于大学生从生态"他律"走向生态"自律"，实现生态人格的自我完善。

高校可以通过一系列教育和宣传活动，强化大学生的生态监督意识。高校通过讲座、研讨会、宣传资料等形式，帮助大学生认识到生态监督的重要性，培养他们主动参与生态监督的意识和能力。同时，高校还可以通过设立生态监督奖励机制，对在生态监督中表现突出的个人和集体进行表彰与奖励，激发更多大学生参与生态监督的积极性。

这种多层次、多渠道的生态监督机制，不仅能够提升大学生的生态行为规范意识，还能促进校园生态文明建设，培养大学生的生态责任感和生态自觉意识。通过不断完善和落实生态监督机制，高校可以为大学生的生态人格培育提供有力保障，推动生态文明教育工作的深入开展。

第三节　强化大学生人格的自我培育能力

高校等载体功能的发挥对新时代大学生生态人格完善发挥着积极的引领力，健全新时代大学生生态人格培育机制为大学生生态人格完善提供了保障，大学生生态人格自我培育能力的提高则是推进新时代大学生生态人格完善的核心。因此，新时代大学生要不断增强生态人格的自我培育能力，自觉拓展生态认知、丰富生态情感、磨炼生态意志、投身生态实践，逐步实现生态"他律"向生态"自律"的转变。

一、拓展大学生的生态认知

生态认知水平的高低直接影响其生态情感、生态价值观和生态行为取向。大学生的生态认知是一个从浅到深、从感性认识到理性认识的渐进过程。新时代背景下，拓展大学生的生态认知不仅是高校教育的重要任务，也是生态文明建设的关键环节。

新时代大学生应自觉丰富生态知识，认真学习公共政治课及专业课程中的生态学知识，通过不断积累，提升生态理论水平。学习的过程中要坚持与时俱进，增强政治敏感度，关注时事政治，了解国家生态法律法规、政策要求和规章制度，确保生态知识的时效性和全面性。生态知识不仅包括生态学基础理论，还应涵盖生态政策、生态法规等实际应用知识。通过多渠道、多层次地学习，大学生可以建立全面而系统的生态认知体系。

大学生的生态认知不仅体现在知识水平上，还须融入中国特色社会主义核心价值观。大学生在生态价值判断上的混乱常常导致生态失范行为。因此，将社会主义核心价值观与生态知识相结合，有助于明确生态行为的正确标准，提升生态认知层次。通过价值观的引领，大学生可以形成正确的生态价值判断，从而规范自己的生态行为。

高校通过开设相关课程、举办讲座和研讨会等形式，帮助大学生系统地学习生态知识，培养其生态意识。此外，校园内的生态文化建设，如生态主题活动、生态志愿服务等，也能在潜移默化中提升大学生的生态认知。生态认知的拓展不仅是知识的积累，更是思维方式和行为习惯的培养。大学生应在日常生活中自觉遵守生态规范，践行生态文明理念，将生态认知转化为实际行动。只有这样，才能真正做到知行合一，提升自身的生态人格。

二、丰富大学生的生态情感

新时代大学生的生态情感不仅蕴含着丰富的生态审美趣味，还反映了他们对外界和自身生态行为的态度。积极正面的生态情感能促进大学生生态人格的自我完善，而负面情感则可能产生不良影响。因此，加强大学生生态情感的培育，是塑造完整生态人格的重要环节。

第一，增加生态审美体验。审美是理解世界的一种独特方式，生态审美体验通过审美艺术角度来理解和感悟人与自然的关系。丰富的生态审美体验可以激发出大学生潜在的生态情感，如对自然美景的依恋、对宜居环境的幸福感、对生态文明建设的责任感及对破坏环境行为的厌恶。大学生可以通过多种形式，如阅读生态文学作品、欣赏生态美术作品、进行生态旅游、观看生态影视剧等，主动增加生态审美体验，从而培养更加丰富的生态情感。

第二，培育生态责任意识。新时代大学生应当不断强化人类命运共同体意识，将个人利益与集体利益、国家利益紧密结合。生态文明建设关系到人类的永续发展，是一项关乎千年大计的事业。大学生应当在推进美丽中国建设的过程中，坚持命运与共，自觉提升生态责任意识，强化生态文明建设的使命感和担当意识。通过自觉承担生态责任，大学生能够更深刻地体会到生态保护的重要性，从而进一步丰富其生态情感。

第三，学习生态榜样，汲取榜样力量。在美丽中国建设过程中，涌现出了众多生态道德模范和先进人物，他们通过实际行动推动了生态文明建设的进步。大学生应当主动学习这些生态道德模范的典型事迹，通过学习榜样不断反思自我，汲取前行的力量。榜样往往是生活中普通但卓越的人物，他们的事迹更容易引起大学生的共鸣和心灵契合。在学习榜样的过程中，大学生能够找到行为指引，自觉增强生态自觉意识，丰富生态家国情怀，实现生态情感的升华。

通过多途径、多角度的生态情感培养，大学生不仅能够提升生态认知，还能在情感层面形成深厚的生态责任感和使命感。丰富的生态情感将为大学生提供内在动力，推动他们积极参与生态文明建设，成为新时代生态文明建设的中坚力量。通过生态情感的深化，大学生将更好地理解人与自然和谐共生的关系，为实现生态文明目标做出更大贡献。

三、磨炼大学生的生态意识

生态意识体现为为实现生态目标和计划而支配自我行为的心理状态。新时代大学生要完善生态人格，离不开坚强的生态意志。生态意志的坚强与否，是大学生在生活中能否自觉养成良好生态行为、自觉约束不良生态行为的重要条件。因此，为了增进生态人格自我培育，大学生需要自觉磨炼生态意志。

第一，提高自我约束能力，养成良好的生态习惯。新时代大学生应为自己设定严格的生态环保计划和目标，并严格执行。例如日常生活中的随手关灯、垃圾分类、拒绝一次性餐具的使用、公共交通工具出行等，都需要坚持不懈地付诸实践。这种自我约束不仅能养成良好生态习惯，还能增强学生的生态意志力。为了保证环保行为的持续性，新时代大学生可以制定严格的自我监督机制。如通过列清单的方式，每天或每周总结自己在生态环保行为上的不足之处，进行深刻反思并及时改进，甚至设置相应的惩罚措施来配合监督。这种机制有助于学生在不断地反思与改进过程中磨炼意志，使其在生态行为上更加自觉和坚定。

第二，反向刺激。新时代大学生可以自觉前往污水处理厂、垃圾回收站、自然修复地等地区，亲自参与到生态治理的各个环节或全过程中。通过亲身体验生态破坏或环境污染带来的困境，深入了解环境治理的复杂和艰难过程，体会生态修复难以实现的无奈，学生能够更深刻地认识到美好生态对人类永续发展的重要性。这种反向刺激能有效地增强大学生的生态意识，使其更加坚定地参与生态环保行动。

磨炼生态意志不仅是对自我约束能力的考验，更是大学生在生态环保实践中的一种内在驱动力。通过设定目标、制定监督机制及参与生态治理实践，大学生可以不断增强自己的生态意志力，从而为实现生态人格的自我完善打下坚实的基础。坚强的生态意志将促使大学生在生态文明建设中发挥更大作用，成为新时代生态文明建设的中坚力量。

生态意识的磨炼是一个长期而持续的过程，需要新时代大学生不断地反思与实践。在这个过程中，学生不仅能够提升自我约束能力，养成良好生态习惯，还能在面对生态挑战时表现出更强的意志力和决心。这种内在的驱动力，将推动大学生在生态文明建设的道路上不断前行，为实现人与自然的和谐共生贡献力量。

四、鼓励大学生投身生态实践

新时代大学生生态人格的培育需要通过具体的生态行为来实现。为了加强生态人格自我培育，大学生需要具备大国担当与责任意识，将个人命运与国家命运紧密结合，自觉投身于美丽中国的生态实践。

第一，在日常生活层面，大学生应当自觉养成简约适度、绿色低碳的生活方式。这要求他们树立绿色发展理念，减少甚至杜绝一次性生活用品的使用，坚持适度消费、理性消费，避免奢侈和不合理消费。同时，要积极推动垃圾分类，循环利用水、纸和购物袋，坚持使用低碳节能的公共交通工具。通过这些实际行动，大学生可以成为节能环保、绿色低碳生活方式的践行者和推动者，起到表率作用。

新时代大学生还应积极用自己所学为美丽中国建设做贡献。在推进美丽中国建设的过程中，需要大力培养人们的生态文明意识，使人人参与、人人行动。此外，新时代大学生作为生力军，具备创新力量和人才优势，是美丽中国建设的核心力量。因此，他们需要具备生态责任意识，勇于担当，用所学知识为美丽中国建设贡献力量。

第二，在学术层面，新时代大学生应认真学习、刻苦钻研，不断研究并创新生态文明建设的新理论。他们可以利用丰富的多媒体平台，向公众宣传新时代生态文明建设的新理念和新要求，帮助提升公众的生态意识，培养良好的生态习惯。同时，大学生还可以通过这些平台为国家的生态文明建设和治理工作建言献策，提供宝贵的意见和建议。理论与实践的结合也是新时代大学生生态实践的重要方面。他们应当勇于创新，在学习过程中深入一线，认真调研，在大量实验的基础上研发出更多满足人们绿色需求和美好生活向往的新产品。这不仅有助于美丽中国建设，还对人类的永续发展具有深远意义。

通过这些生态实践，新时代大学生不仅能够不断完善自己的生态人格，还能为国家的生态文明建设贡献自己的智慧和力量。在生态实践中，他们不仅提升了自我，更为美丽中国的实现提供了重要支持。这种积极投身生态实践的态度和行动，将成为新时代大学生生态人格自我培育的重要体现，也为国家的生态文明建设注入强大的青春力量。

参考文献

[1] 白雪妍.大学生生态人格培育路径探究[J].产业与科技论坛，2023，22（13）：193.

[2] 曾建平，黄以胜，彭立威.试析生态人格的特征[J].中南林业科技大学学报（社会科学版），2008，2（4）：5.

[3] 陈丽鸿.中国生态文明教育理论与实践[M].北京：中央编译出版社，2019.

[4] 陈娜燕，柏振平，王永智.身体与道德：高校生态人格塑造的离身认知与具身转向[J].江苏高教，2024（5）：92.

[5] 陈琼珍.生态人格：生态文明制度的完善路径[J].广西社会科学，2013（11）：78-82.

[6] 陈士勇.新时期公民生态文明教育研究[M].长沙：湖南师范大学出版社，2018.

[7] 崔龙燕.中国生态文明建设研究：以生态供需矛盾为视角[M].北京：光明日报出版社，2023.

[8] 高鹃.生态人格：生态文明建设的新型人格诉求[J].南京林业大学学报（人文社会科学版），2022，22（6）：71.

[9] 高立龙.生态文明教育[M].北京：人民出版社，2020.

[10] 高颖.生态文明教育须"知行合一"[J].江苏教育，2023（43）：48.

[11] 侯利军，付书朋.高校生态文明教育研究[J].学校党建与思想教育，2019（14）：62-64.

[12] 黄秋燕，覃青必.论大学生的生态道德教育[J].开封文化艺术职业学院学报，2021，41（12）：56-58.

[13] 黄小珊.低碳经济的普及与城市经济学的发展[J].低碳世界，2024，14（6）：181.

[14] 贾永腾.思想政治教育视域下大学生生态人格培育研究[D].长春：吉林大学，2017：9-46.

[15] 蒋笃君，田慧.我国生态文明教育的内涵、现状与创新[J].学习与探索，2021（1）：68-73.

[16] 蒋国保.大学生生态人格培育路径探析[J].教育学术月刊，2010（5）：42-44.

[17] 李桦.新时代大学生生态人格培育研究[D].济南：山东大学，2020：39-54.

[18] 李立方.大学生生态道德教育研究[D].辽宁：辽宁师范大学，2022：1.

[19] 李琰.生态文明教育立法研究[D].湖北：华中师范大学，2021：1.

[20] 刘艳.大学生生态人格培育路径探析[J].湖南生态科学学报，2020，7（2）：72.

[21] 卢风.生态文明[M].北京：中国科学技术出版社，2019.

[22] 骆清.大学生生态文明教育论[M].湘潭：湘潭大学出版社，2021.

[23] 彭立威，李姣.人格教育生态化：从单面到立体[M].长沙：湖南师范大学出版社，2015.

[24] 沈伟，陈莞月.教育与生态文明：基于经合组织教育功能的视角变迁[J].华东师范大学学报（教育科学版），2023，41（12）：34-45.

[25] 孙曜.基于生态文明建设的校园人才管理系统设计[J].中国新技术新产品，2023（3）：135.

[26] 唐烨余.新时代大学生生态文明观协同教育研究[D].南宁：广西大学，2019：75-92.

[27] 特力更.生态价值观的多维解读[J].内蒙古社会科学，2013，34（2）：29.

[28] 汪馨兰.生态人格：生态文明建设的主体人格目标诉求[J].理论导刊，2016（4）：54-56，60.

[29] 汪馨兰.生态人格：生态文明建设的主体人格培育[J].广西社会科学，2016（4）：59-63.

[30] 吴洁.大学生生态文明教育问题研究[D].北京：北京邮电大学，2022：19-22.

[31] 吴岚，董云吉.思想政治教育研究文库大学生生态文明教育理论与实践[M].

北京：光明日报出版社，2021.

[32] 谢超.找准大学生生态文明教育着力点[J].陕西教育（高教），2024（6）：1.

[33] 徐冬先.高校加强生态文明教育探析[J].学校党建与思想教育，2024（5）：
62.

[34] 徐洁.论生态人格的内涵及其培育[J].当代教育科学，2020（1）：19-23.

[35] 徐洁.生态文明教育的理念及实践探索[D].武汉：华中师范大学，2016：
28-31.

[36] 许锋华，闫领楠.基于生态正义的生态文明教育变革研究[J].现代教育管理，
2023（6）：40-49.

[37] 闫文静，韩隽.新时代高校生态文明教育的价值诉求与路径选择[J].学校党
建与思想教育，2023（7）：91-93.

[38] 岳伟，陈俊源.环境与生态文明教育的中国实践与未来展望[J].湖南师范大
学教育科学学报，2022，21（2）：1-9.

[39] 张梦蝶.大学生生态文明教育研究[D].北京：北方工业大学，2023：18-20.

[40] 张运君，杜裕禄.大学生生态文明教育读本[M].武汉：湖北科学技术出版
社，2014.

[41] 周钰玲.大学生生态文明教育的内涵研究[D].西安：西北大学，2022：27-
34，76-78.

[42] 左雯雯，汤子为.中国古代生态智慧对当代生态文明建设的启示[J].西部学
刊，2021（7）：96.